JN280525

# 薬学系のための
# 基礎物理学

大林康二・天野卓治・廣岡秀明・崔 東学 著

共立出版

# は じ め に

　本書は，日本薬学会の薬学教育モデル・コアカリキュラム (平成14年8月，社団法人 日本薬学会編集発行) で提案されている物理学の準備教育ガイドラインに沿って，また，学生の高等学校での多様な履修履歴に対応できるよう平易な記述に心がけて著した物理学基礎教育のテキストである．

　現在，日本の大学教育は激変を続けている．その一つに，学生の卒業後の社会での活躍の場を明確にして，そこに向けどのように教育を行えば，学生の将来にとって有益かつ有効であるかという視点で，教育体系をしっかり組んで，系統的に行おうという動きがある．薬学会のコアカリキュラムは，「近年の新しい医療技術，あるいは医薬品の創製・適用における先端科学技術の進歩は，信頼される薬剤師，良質な薬学研究者を遅滞なく養成することを薬学教育の現場に強く求めている．」(日本薬学会・コアカリキュラム) という認識のもとに，薬学教育の全体を詳細に検討している．物理学の基礎教育も準備教育としてその中に位置づけられており，そこで取り上げるべき内容も，具体的な項目として挙げられている．

　上記の準備教育の中で挙げられている項目は，これまで大学で行われてきた一般教育・基礎教育の物理学とはかなり異なっている．実践的な「基礎概念」がまずはじめに，従来は力学・熱学・電磁気の中でそれぞれ個別に取り上げられていた「エネルギー」をまとまった項目として，「レーザー」という特殊なテーマを独立した項目で，「量子化学入門」を物理学の中に含めて教育することなどが求められている．これらを，一冊で網羅した教科書は現存しない．しかし，学生に複数の教科書を部分的に参照させるのは，学生の勉学にも，教育する側にも不便で，教育効果にも影響が出る．そこで，章立てを忠実に日本薬学会・コアカリキュラムに沿わせ，かつ，体系的に全体を関連させ，また，内容も薬学の専門教育につなげるためものに重点をおいた教科書が必要不可欠であるという考

えで本書を著した．

　現在の大学基礎教育でもう一つ重要なことは，多様な学生の履修履歴に配慮することである．学部教育にとって不可欠な物理学であるが，各大学の薬学部の学生の何割かは，高等学校で物理を履修してきていないと思われる．このような学生も，障壁を感じないで物理学を履修できる教育環境を大学が整える必要がある．その視点に立って，本書では，高等学校で物理が未履修の学生も理解できるように説明の記述の仕方をやさしくするよう心がけた．本書の，特に第1章，第2章，第4章，および各章の始まりの部分の記述はやさしくなるようにし，また，全体を通して図も多数用いて平易に理解できるように心がけた．

　本書は，北里大学の基礎物理学の教育スタッフが執筆した．執筆分担は以下の通りである．
　　　　第1章　天野卓治
　　　　第2章　廣岡秀明
　　　　第3章　廣岡秀明
　　　　第4章　天野卓治
　　　　第5章　崔　東学
　　　　第6章　大林康二
　　　　第7章　大林康二
　　　　第8章　廣岡秀明

本書はすべて LaTeX で書かれており，原稿の LaTeX 形式でのまとめは，主として廣岡が行った．全般の内容の取りまとめは，大林が行った．

　本書が，薬学部の基礎教育に役立つことを切に祈念する．読まれた学生の方，お使いになられた先生方，いろいろお気づきのことがあるかと思われるが，ご質問やご意見をお寄せいただければ幸甚である．

　最後に，本書の執筆をお勧めくださった，共立出版(株)の松原茂氏に心より感謝申し上げる．

2003年10月

著者一同

# もくじ

## 第 1 章 基礎概念　1
- 1.1 有効数字　1
- 1.2 物理学の基本単位　5
- 1.3 組立単位　7
- 1.4 スカラー量とベクトル量　8
- 章末問題　11

## 第 2 章 運動の法則　13
- 2.1 運動を表す量　13
- 2.2 運動の法則　21
- 2.3 直線運動　22
- 2.4 平面運動　25
- 2.5 円運動と振動　27
- 2.6 運動量と角運動量　33
- 2.7 質点系の運動　38
- 2.8 剛体の運動　41
- 章末問題　45

## 第 3 章 エネルギー　47
- 3.1 いろいろなエネルギー　47
- 3.2 仕事と力学的エネルギー　48
- 3.3 力学的エネルギーと熱エネルギー　52
- 3.4 気体分子運動論　54
- 3.5 熱機関　61
- 3.6 化学エネルギー　66
- 章末問題　70

## 第4章 波　動　　　　　　　　　　　　　　　73

- 4.1 波の性質 ............................................. 73
- 4.2 反射・屈折・干渉・回折 ..................... 78
- 4.3 音　波 ................................................. 81
- 4.4 光と電磁波 ......................................... 89
- 　　章末問題 ............................................. 99

## 第5章 レーザー　　　　　　　　　　　　　　101

- 5.1 レーザーについて ............................. 101
- 5.2 レーザーの原理 ................................. 101
- 5.3 レーザー光の性質 ............................. 104
- 5.4 レーザーの種類 ................................. 106
- 　　章末問題 ............................................. 108

## 第6章 電荷と電流　　　　　　　　　　　　　109

- 6.1 電荷・電場・電位・コンデンサー ..... 109
- 6.2 電流と抵抗 ......................................... 123
- 6.3 直流回路 ............................................. 126
- 6.4 パルス回路と交流回路 ..................... 133
- 　　章末問題 ............................................. 143

## 第7章 電場と磁場　　　　　　　　　　　　　145

- 7.1 電流と磁場 ......................................... 145
- 7.2 電場と磁場の中での荷電粒子の運動 ..... 160
- 　　章末問題 ............................................. 163

## 第8章 量子化学入門　　　　　　　　　　　　165

- 8.1 前期量子論 ......................................... 165
- 8.2 量子力学の基礎 ................................. 173
- 　　章末問題 ............................................. 187

## さくいん　　　　　　　　　　　　　　　　　189

# 第1章　基礎概念

## 1.1　有効数字

**測定値と誤差の種類**

測定は測定器を使って行われる．物理量を測定した結果得られる測定値は，どんなに正確な測定器を使っても，いろいろな原因によるごくわずかな不確かさや，誤りをなくすことはできない．得られた測定値と真の値との差を **絶対誤差** という．

$$絶対誤差 = 測定値 - 真の値$$

真の値は測定では知ることができないので，絶対誤差を知ることはできない．しかし，誤差の原因とその性質を知ることによって，絶対誤差に近い値を評価することができる．

測定の誤差の原因を考える．例えば，人の体重を測る場合を例にすると，まず体重計の正確さによる誤差（曖昧さ）がある．最小目盛りが 0.5 kg の市販のデジタル表示の体重計を考える．測定器（この場合，体重計）は製造されたとき，より正確なものと比較して正しい値を示すように調整される．このことを **測定器の較正** という．市販の多くの体重計ではいろいろな部分で生じる誤差を総合して，±0.5 kg の正確さでしか較正していない（保証していない）．

すなわち，この体重計では 0.5 kg 以下の値は知り得ない．これは **測定器の正確さ（精度）による誤差** である．誤差とは真の値との差がこれだけある，というような値ではなく，±0.5 kg の範囲内に真の値があるであろうという範囲のことである．測定の際には測定器の精度を必ず記録し，誤差の評価に含めなければならない．

年月と共に体重計自体が狂ってくる場合がある．その結果，その体重計で測ると，いつも標準の値とは異なる値となる．また，時計も進んだりまたは遅れ

たりすることがあり，そのような時計で時刻を測定すると，いつも標準時とは異なってしまう．このような原因による誤差を**系統誤差**という．系統誤差は測定器の較正などで補正することができる．

$\pm 0.5\,\mathrm{kg}$ の精度の体重計では数回測り直しても同じ値が得られるが，もっと正確に $0.01\,\mathrm{kg}$ まで読み取れるはかりで体重を測定する場合を考えてみると，はかりに乗っている間にも，体のごくわずかな動きで表示が変化する．体が動かないように十分注意しても，10 回はかりに乗ったとすると，乗るたびに違う値が読み取れる．このようなときは，平均を取って正しい値とするが，平均を取ったとしても真の値との間にいくらかの誤差があることが推測される．このようにデータが不規則にばらつくときは，**統計的な誤差**として処理する必要がある．

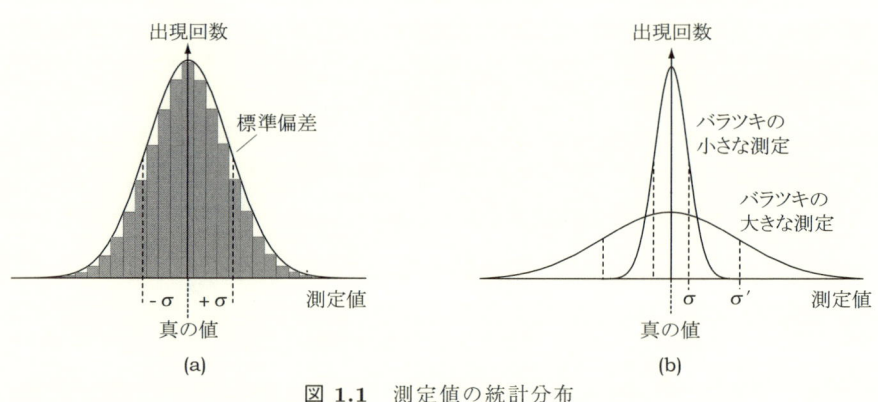

図 1.1　測定値の統計分布

## 統計的な誤差の処理

誤差が偶然の原因で生じる場合，測定を繰り返すと，測定値は真の値の前後にばらつく．このとき，ある測定値とその測定値が得られる回数との関係は，**正規分布**とよばれる分布関数になることが知られており，それをグラフにすると図 1.1(a) のようになる．正規分布の広がりの大きさは，**標準偏差**という量で表す．図 1.1 に示すように，バラツキの大きい測定では正規分布の標準偏差が大きくなり，バラツキの小さい測定では標準偏差は小さくなる．

## 1.1 有効数字

図 1.1 の正規分布は真の値を中心に対称的なので，偶然の原因で誤差が生ずる測定値 $x_i$ を $n$ 回の測定するとき，次式の**平均値** $\bar{x}$ は真の値に近い値になる．

$$\bar{x} = \frac{x_1 + x_2 + \cdots + x_n}{n} = \frac{1}{n}\sum_{i=1}^{n} x_i \tag{1.1}$$

この平均値からの測定値のバラツキを評価する量として，次式の**標本標準偏差** $\sigma$ が用いられる．

$$\sigma = \sqrt{\frac{1}{n}\sum_{i=1}^{n}(x_i - \bar{x})^2} \tag{1.2}$$

測定を無限回行って平均値を取れば真の値が求められるが，測定は有限回しか行うことができない．有限の $n$ 回の測定を行い，平均値 $\bar{x}$ で真の値を評価することになるが，このような $n$ 回の測定を繰り返すと，その度ごとに異なる平均値が得られる．測定の平均値はバラツキをもっているので，平均値が真の値からどれだけずれる可能性があるかを評価する必要がある．このための量として**平均値の標準偏差**が用いられる．$n$ 回の測定を行った場合の平均値の標準偏差 $\sigma_n$ は，次式となることが知られている．

$$\sigma_n = \sqrt{\frac{\sum_{i=1}^{n}(x_i - \bar{x})^2}{n(n-1)}} \tag{1.3}$$

$n$ 回の測定を行った場合の測定値とその統計誤差は，（平均値）±（平均値の標準偏差）を用いて次式で表す．

$$\bar{x} \pm \sigma_n \tag{1.4}$$

平均値の標準偏差は，上の式の範囲内に真の値がある確率が 68 ％ となるような範囲である．

平均値の標準偏差は，測定回数が多くなると測定回数の平方根に反比例して小さくなることがわかる．すなわち，バラツキのある測定値が得られたときは，測定を何回も繰り返して平均して測定値としなければならない．標本標準偏差や平均値の標準偏差の計算は，電卓やパソコンの統計計算機能に組み込まれており，それらを利用すると容易に計算することができる．

> 問い 5つのデータ，96, 101, 98, 100, 103 が測定された．式 (1.2) の標本標準偏差を計算せよ．また，平均値と平均値の標準偏差を計算し，式 (1.4) の形式で表示せよ． (答：2.4, 99.6 ± 1.2)

**有効数字の表し方**

測定値は，測定器の精度によって，ある桁までしか測ることができない．それ以下の桁は不明である．測定器で読み取れた桁までの数値を，**測定値の有効数字**という．どんな正確な測定の場合でも，測定器で読み取れる数値の最後の桁はいくらかの誤差を含んでいる．測定器が不正確だったり，測定値が不安定だったりすると，有効数字は読み取った桁数よりさらに少なくなる．

先に述べた 0.5 kg まで測れる体重計の例では，61.5 kg のように 0.1 kg の位が 0 か 5 のような測定値が得られる．この値は今まで数学で扱ってきた数としての 61.5 ではない．数学で扱う 61.5 は数直線上の 1 点を表し，61.50000 … のように無限に正確な値である．しかし，測定で得られた 61.5 kg は 0.01 kg の桁は 0 ではなく，不明である

表 1.1　測定値と有効数字の桁数

| 測定値 | 有効数字の桁数 |
|---|---|
| 123.4 | 4 |
| 0.123 | 3 |
| 0.12300 | 5 |
| $1.20 \times 10^3$ | 3 |
| 0.00320 | 3 |

ことを表している．6, 1, 5 は，はかりで読み取れた値で，この 3 つの数が有効数字であり，このとき 61.5 kg は有効数字 3 桁の測定値という．有効数字の最後の桁（この場合は 0.1 の桁）は誤差を含んだ値である．なぜならば，この体重計が ±0.5 kg の正確さしか保証していないからである．いくつかの得られた測定値と有効数字の関係を，例として表 1.1 に示しておく．

**問い**　次の測定値の有効数字の桁数を示せ．(a) 50.82 cm　(b) $6.3 \times 10^3$ km　(c) 0.000873 mm　(d) 0.873 $\mu$m

(答：(a) 4 桁　(b) 2 桁　(c) 3 桁　(d) 3 桁)

**間接測定と有効数字**

多くの測定では，直接測定した測定値を使って，別の量を計算する必要がある．こうして得られた値を**間接測定値**という．例えば，縦，横の長さから部屋の面積を求めるような場合である．このとき，縦，横の測定値は誤差を含んだ値で，有効数字で表されているから，求めた面積の値も誤差を含む値となる．したがって，面積も有効数字で表さなければならない．

**有効数字の計算規則**

有効数字を使った計算では，誤差を含む桁が最後の桁になるようした有効数字を使って答えとし

なければならない．(i) 有効数字の最後の桁には誤差が含まれている，(ii) 有効数字の最後の桁より下の位は不明である，以上の 2 つのことから，次のような**有効数字の計算規則**が導かれる．

(1) 加算，減算では，測定値の有効数字の末尾の位の高い方と同じ位までとする．
(2) 乗算，除算では，測定値の有効数字の桁数の少ない方と同じ位までとする．

---
**例題 1.1**

次の有効数字の計算を行え．(a) $123.4 + 1.234$ (b) $123.4 - 120.41$
(c) $12.34 \times 2.0$ (d) $1234 \times 2.0$ (e) $12.34 \div 2.0$

---

**解**
(a) 124.6 (末尾の位の高いのは 0.1 の位).
(b) 3.0 (末尾の位の高いのは 0.1 の位).
(c) 25 (4 桁と 2 桁の掛け算の答えは桁数の少ない 2 桁).
(d) $2.5 \times 10^3$ (答えの桁数を 2 桁とし，指数表示を使う).
(e) 6.2 (4 桁と 2 桁の割算の答えは桁数の少ない 2 桁).
　このように，有効数字を使って計算した結果もある桁までしか信用できない有効数字である．

## 1.2　物理学の基本単位

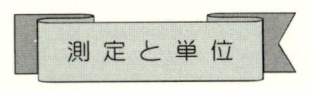

**測定と単位**

　自然科学は，自然の変化や成り立ちの法則性を探求する科学である．その法則性は現象の注意深い観察によって見つけ出され，また検証される．観察 (実験) 結果を，数値を用いて定量的に表すことを**測定**という．

　自然法則は測定によって検証されるが，その検証が客観的であるためには，例えば夏は暑く冬は寒いというような感覚的，個人的な表現ではなく，「気温 36.5°C」という客観的な量として記録されなければならない．このように，測定値を客観的な量として表すために，**単位**を定め，測定値が単位の何倍であるかを記録する．例えば，温度の基本単位を °C にとれば，1°C の何倍であるかによって，

36.5°Cのように，数値+単位で表す．単位の記し方は，数値の後の単位はそのまま，量を文字で表したときには，文字と区別するため〔　〕の中に入れて示す．

## 単位

時間，空間，物質量など，物理学に関するさまざまな量を**物理量**という．物理量は，いくつかの**基本量**と，基本量を組み合わせた**組立量**からなる．物理量を表すにはいろいろな単位が使われるが，基本量は**基本単位**を用い，組立量は組立単位を用いて表す．

以前，日本では土地や家の広さを表すのに「坪」が使われ，米国では長さに「インチ」が使われていた．様々な単位間の換算は煩雑である．そこで各単位を合理的に定義する標準的な単位系として，国際単位系 SI（エスアイ）が国際的に取り決められている．SI の基本単位系は，長さを m（メートル），質量を kg（キログラム），時間を s（秒），電流を A（アンペア）の 4 つの単位を基本とし（MKSA 単位系ともいう），それに温度 K（ケルビン），物質量 mol（モル），光度 cd（カンデラ），平面角 rad（ラジアン），立体角 sr（ステラジアン）を加えた 9 個の基本単位で構成される単位系である．それぞれの基本単位は厳密に定義されている．そのほかの単位は基本単位の組み合わせで表す組立単位となる．

## 基本単位の定義

基本単位がどのように定義されているかを以下に示す．

○ **長さ**：長さの単位 m はかつては，地球の子午線の長さを基準としたメートル原器によって定義されたが，現在の SI 基本単位では，光が真空中を $1/299792458$ s の間に進む距離で定義される．

○ **質量**：質量は物質の量を表し，物質を構成する原子の種類や個数で決まる量である．質量の 1 kg を定義するための国際キログラム原器が用意されている．1 kg の質量はまた，1 N の力が加わったとき，$1 \text{ m/s}^2$ の加速度を生じる物質の量である．

○ **時間**：時間の単位 s は，セシウム 133（$^{133}_{55}\text{Cs}$）の原子の出す光のスペクトル線のうち，基底状態の 2 つの超微細準位の間の遷移に対応する光の波が，9192631770 周期振動する間の時間と定義される．

- **電流**：電流の単位 A は，真空中に 1m の間隔で置かれた，無限に小さい断面の，無限に長い 2 本の直線状の導体のそれぞれに電流が流れたとき，導体 1m 当たり $2 \times 10^{-7}$ N の力を及ぼし合うような一定の電流を 1A として定義する．
- **温度**：熱力学温度の単位 K は，水の 3 重点の熱力学温度の 1/273.16 である．
- **物質量**：物質量 mol は 0.012 kg の $^{12}$C に含まれる原子の数と等しい数の原子，分子，イオンを含む系の物質量である．mol を使用するときは，その物質が何であるかを指定しなければならない．

## 1.3 組立単位

**組立単位**　面積 m$^2$，体積 m$^3$，密度 kg/m$^3$，速度 m/s，加速度 m/s$^2$ などは，基本単位の積や商で表された**組立単位**である．

固有の単位表示をもつ組立単位も多くある．例としては，周波数 Hz(ヘルツ)=1/s，力 N(ニュートン)=kg·m/s$^2$，圧力 Pa(パスカル)=kg/m·s$^2$，エネルギー J(ジュール)=kg·m$^2$/s$^2$，電気量 C(クーロン)=A·s，電圧 V(ボルト)=kg·m$^2$/A·s$^3$，電気抵抗 Ω(オーム)=kg·m$^2$/A$^2$·s$^3$，磁束 Wb(ウェーバ)=kg·m$^2$/A·s$^2$ などがある．

**単位当たりの量**　速さは単位時間当たりの移動距離というように，単位○○当たりの○○のような組立量が多くある．これら単位当たりで決められた量は，ちょうど 単価＝値段÷数量 の関係の単価に相当する量である．したがって，値段＝単価×数量 のように，移動距離は，移動距離＝速さ×時間 として求まる．

**次元**　その単位が，m であるとか mm であるとかに関係なく，長さを表す量を意味するものとして長さの**次元**を定義し，記号 L を用いる．その他の基本単位の次元は，質量の次元を M，時間の次元を T，電流の次元を A と表す．あらゆる単位は，この 4 つの次元の組み合わせからできている．例えば，力の単位 N は先に述べたように，SI 基本単位では m·kg·s$^{-2}$ であるが，力の次元は [LMT$^{-2}$]

であり，速度は，距離÷所要時間で，次元は $[LT^{-1}]$ である．

**問い** 圧力は，(力)÷(面積) で表される量である．圧力の次元を求めよ．
(答：$[L^{-1}MT^{-2}]$)

**次元解析** 次元から量の関係を知る方法を**次元解析**という．次元解析の一例として，弦を伝わる波の速さが，弦の張力が大きくなると速くなり，質量が大きいと遅くなることがわかっているとして，波の速さの表現を求めてみよう．速さ $v$ の次元は $[LT^{-1}]$，張力 $S$ の次元は $[LMT^{-2}]$，質量は $[M]$ である．したがって，張力÷質量の次元は $[LT^{-2}]$ となる．$[(張力÷質量)×長さ]^{\frac{1}{2}}$ の関係式の次元は $[LT^{-1}]$ となり，速さの次元になる．したがって，次元解析から，弦を伝わる波の速さは $[張力÷(質量÷長さ)]^{\frac{1}{2}}$ でなければならないことが推測される．実際，弦の (質量÷長さ) である線密度を $\sigma$ とすると，$v = \sqrt{\dfrac{S}{\sigma}}$ であることが導かれている．

## 1.4 スカラー量とベクトル量

**スカラーとベクトル** 例えば自動車の速さを表すとき，毎時 50 km の速さというように，大きさだけで向きをもたない量として表している．このような大きさだけで向きをもたない量を**スカラー**という．これに対し，東の方向に毎時 50 km の速度というときは，方向と大きさをもった量であり，**ベクトル**とよばれる．

スカラー量の例としては，時間，質量，温度，エネルギー，電気量，物質量，光度，濃度などがあり，ベクトル量の例としては，位置，速度，加速度，運動量，電場，磁場などがある．ベクトル量も大きさのみを扱うときはスカラー量である．物理量を扱うときは，それがスカラーなのかベクトルなのかをいつも注意する必要がある．

**ベクトルの表し方** ベクトルを記号で表すには，例えば速度 $\boldsymbol{v}$ のように，斜体の太い文字で表す．文字の上に矢印をつけ $\vec{v}$ で表すこともある．図面の場合，ベクトルは図 1.2(a) の $\boldsymbol{A}$ のように，長さを大きさ，矢の向きをベクトルの方向に対応

## 1.4 スカラー量とベクトル量

させて矢印で表す.

2次元の $x$-$y$ 面内のベクトル $\boldsymbol{A}$ の, $x$-$y$ 直交座標の $x$ 成分を $A_x$, $y$ 成分を $A_y$ とすると,

$$\boldsymbol{A} = (A_x, A_y) \tag{1.5}$$

と表される. また, ベクトル $\boldsymbol{A}$ と $x$ 軸とのなす角を $\theta$ とすると, 次式の関係がある.

$$A_x = A\cos\theta, \qquad A_y = A\sin\theta \tag{1.6}$$

ベクトルを大きさと, $x$ 軸となす角 $\theta$ を用いて表すことを**極座標**で表すという. 上式を2乗して平方根をとると, ベクトルの大きさ $|\boldsymbol{A}|$ あるいは単に $A$ は, 次式となる.

$$A = \sqrt{A_x^2 + A_y^2} \tag{1.7}$$

図1.2(a) に示すように, ベクトル $-\boldsymbol{A}$ は, ベクトル $\boldsymbol{A}$ と反対向きのベクトルである.

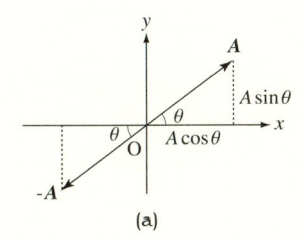

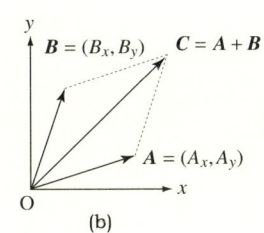

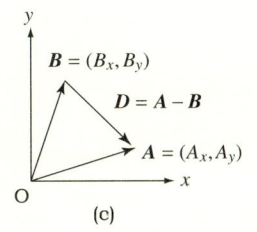

**図 1.2** ベクトルの表し方, ベクトルの和と差

問い　ベクトル $(\sqrt{3}, 1)$ の大きさと $x$ 軸となす角を求めよ.
(答: 大きさは2, 角は30度.)

**ベクトルの和と差**　ベクトル $\boldsymbol{A}$ とベクトル $\boldsymbol{B}$ のベクトルの和 $\boldsymbol{C}$ は, 図形的には図1.2(b)のように, $\boldsymbol{A}$ と $\boldsymbol{B}$ を隣り合う辺とする平行四辺形の対角線で表される. 図から明らかなように, 成分で記すと次式になる.

$$\boldsymbol{C} = \boldsymbol{A} + \boldsymbol{B} = (A_x + B_x, A_y + B_y) \tag{1.8}$$

ベクトルの差 $D = A - B$ は，図 1.2(c) のように，ベクトル $B$ の先端から，ベクトル $A$ の先端へ向かうベクトルで定義される．成分で示すと，図より次式となる．

$$D = A - B = (A_x - B_x, A_y - B_y) \tag{1.9}$$

**問い** ベクトルが $A=(2, 3)$ のとき，$-A$ を示せ．
(答：$-A = (-2, -3)$)

**問い** $x$-$y$ 平面内の 2 つのベクトル $A = (3, 4)$，$B = (1, -7)$ がある．2 つのベクトルの和のベクトルとその大きさを求めよ．
(答：$A + B = (4, -3)$, 5)

**ベクトルの積**

ベクトルの積には，結果がスカラーとなるスカラー積 (内積) と，結果がベクトルとなるベクトル積 (外積) とがある．3 次元のベクトル $A = (A_x, A_y, A_z)$ と $B = (B_x, B_y, B_z)$ とのスカラー積は $A \cdot B$ と表され，次式で定義される．

$$A \cdot B = A_x B_x + A_y B_y + A_z B_z \tag{1.10}$$

図 1.3 のように，$x$ 軸方向のベクトル $A = (A, 0, 0)$ と $x$ 軸と角 $\theta$ をなす $x$-$y$ 面内のベクトル $B = (B\cos\theta, B\sin\theta, 0)$ の場合，上式を用いてスカラー積を計算すると，

$$A \cdot B = AB\cos\theta \tag{1.11}$$

となり，それぞれのベクトルの大きさに，互いのなす角の cos をかけた値になる．また，ベクトル $A$ の大きさ

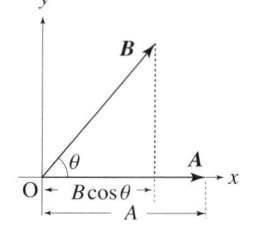

図 **1.3** スカラー積

$A$ に，ベクトル $B$ の $A$ の方向の成分 $B\cos\theta$ をかけた値ともみなせる．スカラー積は座標軸の取り方によらないので，式 (1.11) は，任意の方向のベクトルについて成り立つ．

3 次元のベクトル $A = (A_x, A_y, A_z)$ と $B = (B_x, B_y, B_z)$ とのベクトル積は $A \times B$ と表され，次式で定義される．

$$A \times B = (A_y B_z - A_z B_y, A_z B_x - A_x B_z, A_x B_y - A_y B_x) \tag{1.12}$$

図 1.4 のように，$x$ 軸方向のベクトル $\bm{A}=(A,0,0)$ と，$x$ 軸と角 $\theta$ をなす $x$-$y$ 面内のベクトル $\bm{B}=(B\cos\theta, B\sin\theta, 0)$ の場合，上式を用いてベクトル積を計算すると

$$\bm{A}\times\bm{B} = (0, 0, AB\sin\theta) \qquad (1.13)$$

となり，大きさは，ベクトル $\bm{A}$ とベクトル $\bm{B}$ とを隣り合う辺とする平行四辺形の面積に等しく，それぞれの大きさに互いのなす角の sin をかけた値であることが分かる．方向は，$z$ 軸方向で，ベクトル $\bm{A}$ とベクトル $\bm{B}$ の両方に垂直で，$\bm{A}$ から $\bm{B}$ の方向に右ねじを回したときにねじの進む方向である．ベクトル積の大きさと方向は，座標軸の取り方によらないので，このことは任意の方向のベクトルについて成り立つ．

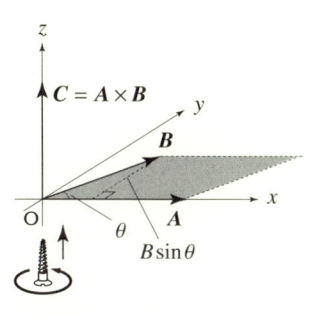

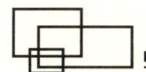

図 1.4　ベクトル積

# 章　末　問　題

**1.1** $\bm{r}=(x,y,z)$, $r=(x^2+y^2+z^2)^{\frac{1}{2}}$ のとき，ベクトル $\dfrac{\bm{r}}{r}$ の大きさを求めよ．

(答：1. 大きさ 1 のベクトルは**単位ベクトル**とよばれる．)

**1.2** ベクトル $\bm{A}=(3,4,5)$ と $\bm{B}=(0,0,1)$ とのスカラー積を求めよ．

(答：5)

**1.3** 大きさ 2 で $x$ 軸と角 90 度をなす $x$-$y$ 面内のベクトル $\bm{A}$ と，大きさ 3 で $x$ 軸と角 30 度をなす $x$-$y$ 面内のベクトル $\bm{B}$ とのスカラー積 $\bm{A}\cdot\bm{B}$ を求めよ．

(答：3)

**1.4** ベクトル $\bm{F}=(F_x, F_y, F_z)$ と，ベクトル $d\bm{r}=(dx, dy, dz)$ とのスカラー積 $\bm{F}\cdot d\bm{r}$ を記せ．

(答：$F_x\,dx + F_y\,dy + F_z\,dz$)

**1.5** ベクトル $F=(0,0,-mg)$ の図のような $x$-$z$ 面内の経路 oabco に沿った積分 $\oint F \cdot dr$ を次の順序で求めよ．ただし，$mg$ は定数である．

(1) それぞれの経路について $F \cdot dr$ を示せ．

(2) それぞれの経路について積分 $\int F \cdot dr$ を求めよ．

(3) 図の経路に沿った一周積分 $\oint F \cdot dr$ を求めよ．

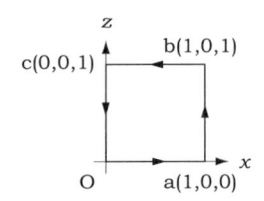

$$\left(\begin{array}{ll}答： & (1) \quad \text{oa では } dr=(dx,0,0) \text{ で } F\cdot dr=0,\text{ ab では } dr=(0,0,dz) \\ & \qquad \text{で } F\cdot dr=-mg\,dz,\text{ bc では } dr=(dx,0,0) \text{ で } F\cdot dr=0, \\ & \qquad \text{co では } dr=(0,0,dz) \text{ で } F\cdot dr=-mg\,dz \\ & (2) \quad \text{oa では } 0,\text{ ab では }-mg\int_0^1 dz=-mg,\text{ bc では } 0,\text{ co で} \\ & \qquad \text{は}-mg\int_1^0 dz=mg \\ & (3) \quad -mg+mg=0 \end{array}\right)$$

**1.6** ベクトル $i=(1,0,0)$，$j=(0,1,0)$，$k=(0,0,1)$ についてのベクトル積 $i \times j$，$j \times k$，$k \times i$ を求めよ．（ベクトル $i$，$j$，$k$ は，**基本ベクトル**とよばれる．）

$$（答：i \times j = k, j \times k = i, k \times i = j）$$

**1.7** ベクトル $v=(v_x, v_y, 0)$，$B=(0,0,B)$ について，以下の問に答えよ．

(1) ベクトル積 $v \times B$ を求めよ．

(2) $v \times B$ と $v$ のスカラー積を求め，互いにどのような関係にあるかを説明せよ．

$$\left(\begin{array}{ll}答： & (1) \quad (v_y B, -v_x B, 0) \\ & (2) \quad \text{スカラー積は } 0. \ v, B, v \times B \text{ は互いに直交している}\end{array}\right)$$

# 第2章 運動の法則

## 2.1 運動を表す量

**速さと速度**

運動している物体がどれくらい速く運動しているかを表す量として，単位時間[1]当たりの移動距離が用いられる．移動した距離を，かかった時間で割って得られる量を**平均の速さ**という．

$$\text{平均の速さ} = \frac{\text{移動した距離}}{\text{かかった時間}} \tag{2.1}$$

単位は，距離を〔m〕(メートル)で測り，時間を〔s〕(秒)で測れば，平均の速さの単位は〔m/s〕(メートル毎秒)となる．距離を〔km〕(キロメートル)，時間を〔h〕(時間)に変えれば，〔km/h〕(キロメートル毎時)となる．単位を変えても，距離割る時間という意味は変化せず，この意味にあたるのが第1章で説明した**次元**である．

自動車や電車にはスピードメーターがついていて，どのくらいの速さで走っているかわかるようになっている．このメーターの指す値は，運動の状態で変化している．停止では0，動き出すと徐々に大きな値になる．この運動状態によって，時々刻々変化する速さのことを**瞬間の速さ**[2]または**スピード**という．

瞬間の速さが変化していても，その変化をおしなべて，ある時間間隔の平均に直したものが式(2.1)の平均の速さである．また，瞬間の速さが変化しないときは，この速さは平均の速さと一致し，**等速**であるという．高速道路で，自動車のスピードメーターの値が変化せずに走っている場合がこれにあたる．特に，一定の速さで直線上を運動する場合を**等速直線運動**という．

---

[1] 考えている時間の単位で1を表す量のこと．例えば，1秒や1時間．
[2] 正確な定義は次節で行う．

図2.1のように，A君の家が駅$S_1$と駅$S_2$のちょうど中間点にあったとする．ある速さで出かければ，どちらの駅に行くにも同じ時間で到達する．到達時間は同じだが，運動としては異なっている．このように，運動を考える上では，ある速さで駅に向かうというだけでは不十分である．

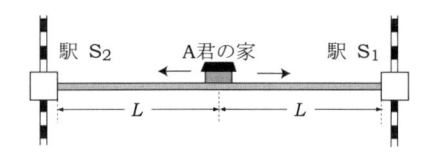

**図 2.1** 速さと速度の違い

そこで，速さに向きをもった量として，**速度**という量を考える．すなわち，速さは**スカラー量**で，速度は**ベクトル量**である．日常では両者は混同して用いられるが，物理学では明確に区別されている．速さが一定であっても，向きが変化している場合には，速度が一定とは言わない．例えば，自動車が一定の速さでカーブを曲がるときには，スピードメーターが動かなかったとしても，一定の速度で曲がっている[3]とは言わない．

## 相対速度

自動車に乗っていると，後ろから追い抜いていく自動車もあれば，対向車線を反対に向かってくる自動車もある．追い抜いていく自動車は自分より速く運動しているはずだが，ゆっくりした速さに見える．また，対向車は自分とそれほど変わらないスピードのはずなのに，かなり速く見える．

これらの自動車の実際の速さと，自分が見て感じる速さとの違いは，その速さを測る基準の違いからきている．実際の速さというのは，静止している地面に対しての

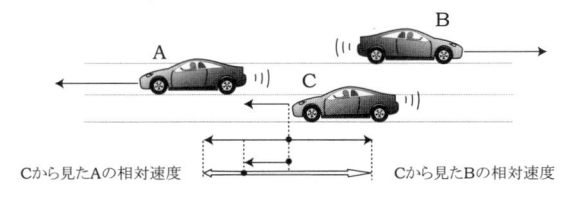

**図 2.2** 相対速度

速さであり，運動している自分が見て感じる速さは，運動している自分が基準になっている．また，同じ方向に走っていても，自分が追い抜く場合，抜いた自動車は後ろに遠ざかっていく．これは，速度の向きが逆に見えているということである．このように，自分の運動状態によっては，相手の速度が異なって見え

---

[3] この言い方は，速度の定義と矛盾している．正確には，一定の速さで曲がると言わなければならない．

## 2.1 運動を表す量

る．自分を基準としてみた相手の速度のことを**相対速度**という．

$$相対速度 = 相手の速度 - 自分の速度 \tag{2.2}$$

この式によれば，相手より自分の速度の大きさ (速さ) が大きければ，相対速度はマイナスとなり，向きが逆転する．

> **問い** 車が静止しているときには鉛直に降っていた雨が，車の速さが $60\,\mathrm{km/h}$ になったときには，鉛直と $60°$ になっていた．このときの雨滴の落下速度の大きさはいくらか． (答: $9.6\,\mathrm{m/s}$)

### 速度の変化と加速度

停止しているとき，自動車のスピードメーターは 0 を指している．アクセルを踏むと，次第に自動車の速さが大きくなり，スピードメーターの針も移動していく．ごく一般的な乗用車とスポーツカーでは，アクセルをいっぱいに踏んで加速しても，$100\,\mathrm{km/h}$ に到達するするまでの時間は，スポーツカーの方が早い．その原因は，エンジン性能や自動車の形状などいろいろあるが，運動だけに着目すれば，速さの変化の割合に違いがあると表現できる．

このような速さの変化を表現するのに，単位時間当たりの速さの変化の値として**加速度**を用いる．一般的には，速さではなく，向きも考慮して速度の変化を用いて表す．つまり，速さが一定であっても，向きが変化していれば加速度が生じているわけである．ある時間の間に速度が変化したとき，この時間内の平均の加速度は次式のように表される．

$$平均の加速度 = \frac{速度の変化量}{かかった時間} \tag{2.3}$$

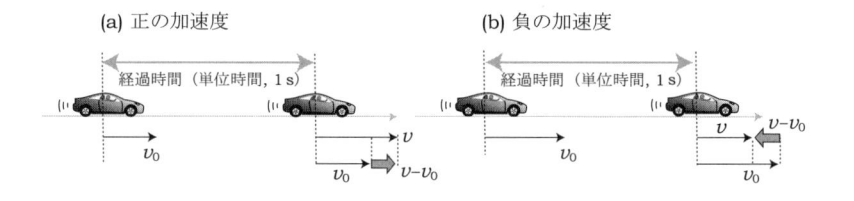

図 **2.3** 加速の違いは単位時間当たりの速度変化の違い

式 (2.3) より，加速度の大きさの単位は速さを時間で割ることになるので，

$$(\mathrm{m/s}) \div \mathrm{s} = \frac{\mathrm{m/s}}{\mathrm{s}} = \mathrm{m/s^2} \tag{2.4}$$

となり，$[\mathrm{m/s^2}]$（メートル毎秒毎秒）や $[\mathrm{km/h^2}]$（キロメートル毎時毎時）などと表す．例えば，$5\,\mathrm{m/s^2}$ の加速度の大きさとは，1秒間に $5\,\mathrm{m/s}$ の速度の変化を生じるような大きさのことである．加速度は，速度の変化を用いて表されるので，これもベクトル量である．

**等加速度運動**

ブレーキをかけて止まる場合のように，加速ではなく減速する場合も速度は変化する．この場合，式 (2.3) より，速度の変化がマイナスとなり，加速度もマイナスの値[4]を取る．また，実際の自動車の運動を考えてみると，アクセルを踏んだりブレーキを踏んだりするので，加速や減速が頻繁に起こる．すなわち，加速度の値も変化する．そこで，特に，加速度の大きさが一定の運動については，**等加速度運動**とよぶ．

**問い**　ある車は，静止した状態から 5.3 秒後に $100\,\mathrm{km/h}$ に達することができる．この間，一定の加速度が生じていたとすれば，その大きさはいくらか．　　　　　　　　　　　　　　　（答：$5.2\,\mathrm{m/s^2}$）

**運動の変化と力**

日常，「力」という言葉は普通に使われているが，力とは何かと問われるとすぐには答えられないのではないだろうか．物理学では，現象に基づいて，以下のように力を考える．

　力を考える場合，力自体は目に見えないので，力がはたらくことによって生じる現象を考える．物体が静止しているときは，力がはたらいているようには見えない．しかし，物体が動き出すと，経験的に何らかの力がはたらいたと考えられる．自動車に乗っていて，アクセルを踏んで加速するとき，後ろから押されているような感じがする[5]．

　このように，速度の変化が起こったとき，我々は何らかの力がはたらいたと知覚する．したがって，速度の変化がない場合，すなわち一定の速度で動いてい

---

[4] 減速度のようなものは考えずに，負の加速度と表現する．
[5] この例は，乗っている人に対することなので，厳密には正しくないが，人と自動車は一体であるとして，まずは力の存在を想像して欲しい．

## 2.1 運動を表す量

ような場合には，力がはたらいているとは感じられない．高速道路などで自動車が一定の速度で走っているときは，力がはたらいているようには感じないことを想像して欲しい．このことから，「力」=「速度の変化を起こすもの」ととらえることができる．

**変形と力**　力は，速度を変化させるばかりでなく，物体の形状の変化も起こす．柔らかいボールに力を加えるとへこむ．これは力によって形状が変化したことになる．ボール全体から見れば形状が変化したことになるが，へこんだ部分に着目すれば，静止状態から動き出したわけで，速度の変化があったともみなせる．

**力と加速度**　力は目には見えないけれども，速度の変化，すなわち加速度によって力がはたらいていることがわかる．加速度の大きさが大きければ力の大きさも大きく，力と加速度の大きさには比例関係があると考えられる．

$$力 \propto 加速度 \tag{2.5}$$

この関係により，力を定義することにする．しかし，比例関係だけでは定量的な議論ができないので，その比例定数が必要となる．

**質量**　式 (2.5) の比例定数を導入する．同じ大きさの力を加えても，物体によって生じる加速度が異なる．したがって，比例定数は物体ごとに違った大きさである．この，式 (2.5) の，物体ごとに異なる比例定数を，物体の**質量**とよぶことにする．

ここで，式 (2.5) に基づいて定義した質量[6]と，いわゆる**重さ**とは別物であることに注意する必要がある．重さは，体重計やばね秤などを使って測ったもので，その物体にはたらいている重力の大きさのことである．この重さは，月面上や宇宙空間で同じように測定すると，地球上とはその値が異なる．しかし，質量は宇宙のどこであっても変化せず，あくまで式 (2.5) の比例定数のことである．

---

[6] 正確には慣性質量という．

すなわち，次式の関係が成り立つ．

$$力 = 質量 \times 加速度 \tag{2.6}$$

**瞬間の速さ**

式 (2.1) で平均の速さを定義した．この定義では，平均を取る時間間隔の間に速さが変化しているか否かについては問わない．これに対し，時々刻々変化する速さを，各時刻で考えたものが**瞬間の速さ**である．

図 2.4 において A と B との間の平均の速さは，AB 間の勾配である．これに対し，A における瞬間の速さは，A における接線 AT の勾配である．図からわかるように，平均の速さを瞬間の速さに近づけるには，B を A に近づけつつ平均を取ればよい．

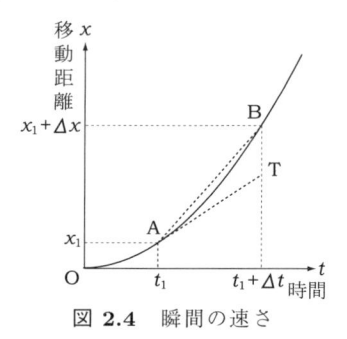

**図 2.4** 瞬間の速さ

---

**例題 2.1**

ある物体の時間と位置を測定したところ，下の表のような結果が得られた．各時間間隔における，この物体の平均の速さはいくらか．

| 時刻 $t$〔s〕 | 0.0 | 5.00 | 10.0 | 15.0 | 20.0 | 25.0 | 30.0 |
|---|---|---|---|---|---|---|---|
| 位置 $x$〔m〕 | 0.0 | 8.70 | 17.4 | 25.9 | 34.2 | 42.3 | 50.0 |

---

**解** 0.0 s から時刻 30.0 s までの平均の速さは，式 (2.1) より 1.67 m/s である．時間間隔を短くしていけば，時刻 0.0 s での瞬間の速さに近づくはずである．結果は表 2.1 のようになる．平均を取る時間間隔を短くすると，1.74 m/s に近づくことがわかる．平均の速さがある値に近づくとき，その近づく値を**極限値**という．速さの極限値が瞬間の速さである．

**表 2.1** 平均の速さ

| 時間間隔〔s〕 | 平均速度〔m/s〕 |
|---|---|
| 0.0 〜 25.0 | 1.69 |
| 0.0 〜 20.0 | 1.71 |
| 0.0 〜 15.0 | 1.73 |
| 0.0 〜 10.0 | 1.74 |
| 0.0 〜 5.0 | 1.74 |

## 2.1 運動を表す量

**速度の微分表示**

数学の極限値の表し方では，瞬間の速さ $v$ は，時間間隔 $\Delta t$，その間の移動距離 $\Delta x$ を用いて，次のようになる．

$$v = \lim_{\Delta t \to 0} \frac{\Delta x}{\Delta t} = \frac{dx}{dt} \tag{2.7}$$

ただし，$\lim_{\Delta t \to 0}$ は $\Delta t$ が限りなく 0 に近づいたときの極限値を取ることを意味している．$\Delta$（ギリシャ文字のデルタ）は，ある間隔を表し，$d$ はそれが無限に小さい量であることを表している．

式 (2.7) の $\Delta t$ や $\Delta x$ は，図 2.4 において，時刻 $t_1$ と $t_2$ の時間差 $\Delta t = t_2 - t_1$ であり，その時刻における位置の差 $\Delta x = x(t_2) - x(t_1)$ のことである．位置が時間と共に変化し，時刻を与えると位置がわかるような場合には，$x(t)$ のような表し方をして，**位置 $x$ は時間 $t$ の関数**であるという．

式 (2.7) を，$x(t)$ を用いて書き直してみよう．$t_2 = t_1 + \Delta t$ なので，

$$v = \lim_{\Delta t \to 0} \frac{x(t_1 + \Delta t) - x(t_1)}{\Delta t} = \left.\frac{dx(t)}{dt}\right|_{t=t_1} \tag{2.8}$$

となる．式 (2.8) の最後の式は $t = t_1$ での微分を表し，この時刻での速さを意味する．

速さに向きを含めた速度はベクトル量である．したがって，$v$ のかわりに $\boldsymbol{v}$ と書くことになる．速さと同様に，速度を極限値や微分で表せば

$$\boldsymbol{v} = \lim_{\Delta t \to 0} \frac{\boldsymbol{r}(t_1 + \Delta t) - \boldsymbol{r}(t_1)}{\Delta t} = \left.\frac{d\boldsymbol{r}(t)}{dt}\right|_{t=t_1} \tag{2.9}$$

となる．$\boldsymbol{r}(t) = (x, y, z)$ は，物体が時刻 $t$ における物体の位置を指す**位置ベクトル**である．$\boldsymbol{v} = (v_x, v_y, v_z)$ は，時刻 $t = t_1$ での速度なので，正確には $\boldsymbol{v}(t_1) = (v_x(t_1), v_y(t_1), v_z(t_1))$ のように書かれる．ベクトルの微分の式は，次式のように $x, y, z$ の 3 成分の式をまとめて表したものであり，各成分の式はスカラーとして扱うことができる．

$$\boldsymbol{v} = (v_x, v_y, v_z) = \left(\frac{dx}{dt}, \frac{dy}{dt}, \frac{dz}{dt}\right) \tag{2.10}$$

### 加速度と速度

式 (2.3) のように，加速度は速度の時間に対する変化の割合である．また，速さは位置の時間に対する変化の割合である．このことから，速度の式 (2.9) を加速度の場合の式にするには，位置 $r \to$ 速度 $v$，速度 $v \to$ 加速度 $a$ と置き換えればよい．加速度と速度の関係は，次式となる．

$$a = \lim_{\Delta t \to 0} \frac{v(t_1 + \Delta t) - v(t_1)}{\Delta t} = \left.\frac{dv}{dt}\right|_{t=t_1} \quad (2.11)$$

### 加速度と位置

関係式 $a = \dfrac{dv}{dt}$ と $v = \dfrac{dr}{dt}$ を組み合わせて変形すると，次式が得られる．

$$a = \frac{dv}{dt} = \frac{d}{dt}(v) = \frac{d}{dt}\left(\frac{dr}{dt}\right) = \frac{d^2 r}{dt^2} \quad (2.12)$$

この式から，$a$ は $r$ を時間 $t$ によって 2 回微分すると得られることがわかる．これを，**加速度は位置の時間による 2 階微分**[7]**で表される**という．

$x$, $y$, $z$ 成分の式で表すと，次式となる．

$$a = (a_x, a_y, a_z) = \left(\frac{d^2 x}{dt^2}, \frac{d^2 y}{dt^2}, \frac{d^2 z}{dt^2}\right) \quad (2.13)$$

**問い** ある物体の位置 $x$ が，時間 $t$ とともに $x(t) = 2t^2 - 3t + 1$ と表される．この物体の時刻 $t=2$ のときの速さはいくらか．また加速度の大きさはいくらか． （答: 速さは 5 で，加速度の大きさは 4）

### 微分と積分

このように，位置が時間の関数 $r(t)$ としてわかっていると，時間 $t$ による 1 階微分から速度 $v$ が，2 階微分から加速度 $a$ が求まる．ところで，微分と積分は逆の関係にある．したがって，速度 $v$ の微分である加速度 $a$ を積分すると速度が求まり，位置 $r$ の微分である速度 $v$ を積分すると位置が求まる．

**問い** 加速度の大きさが $2\,\mathrm{m/s^2}$ の運動をしている物体がある．$t=0\,\mathrm{s}$ で静止していたとすれば，$t=1\,\mathrm{s}$ から $t=2\,\mathrm{s}$ の間にどれだけの距離移動するか． （答: 3 m）

---

[7]「2 回微分する」というときと，「2 階微分」では，「回」「階」の字が異なる．

## 2.2 運動の法則

ニュートンは，自然界の物体の運動を，ニュートンの運動の三法則としてまとめ，様々な自然現象を説明することに成功した．ニュートンの運動の第一法則は**慣性の法則**，第二法則は**運動の法則**または**運動方程式**，第三法則は**作用反作用の法則**とよばれている．

**慣性の法則**　まず，物体に力がはたらいていないときの運動を考える[8]．物体に力がはたらいていないか，いくつかの力がはたらいていてもつり合っていれば，静止している物体は静止を続け，運動している物体はそのまま等速直線運動を続ける．これを**慣性の法則**または**運動の第一法則**という．

**運動の法則**　次に，物体に力がはたらいたときの運動を考える．物体に力がはたらくと力の方向に加速度が生じ，その大きさは力の大きさに比例し，物体の質量に反比例する[9]．これを**運動の法則**または**運動の第二法則**という．

式 (2.6) をベクトルの式で表すと，物体の質量を $m$〔kg〕，位置を $r$，速度を $v$，加速度を $a$〔m/s$^2$〕，力を $F$〔N〕とすると，運動の法則は次式で表される．

$$m\bm{a} = \bm{F}, \quad m\frac{d\bm{v}}{dt} = \bm{F}, \quad m\frac{d^2\bm{r}}{dt^2} = \bm{F} \tag{2.14}$$

このように表された式を**運動方程式**という．

いくつかの力が物体にはたらくときは，$\bm{F}$ はそれらをベクトル的に加えた力(**合力**)として考える．

**作用反作用の法則**　図 2.5 のように，物体 1 から物体 2 に力 $\bm{F}_{12}$ がはたらくときは，同時に物体 2 から物体 1 に力 $\bm{F}_{21}$ がはたらき，これら 2 つの力は同一線上にあり，大きさは等しく，方向は反対である．これを**作用反作用の法則**または**運動の第三法則**という．

---

[8] よくこのように表現されるが，力がはたらいていても慣性という性質は存在する．そうでなければ，第二法則で $F=0$ とすれば第一法則が含まれてしまう．

[9] 力がはたらいているときの慣性を表すものとして質量がある．

作用反作用を式で表すと，次式となる．

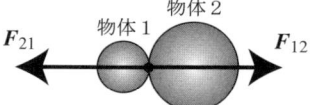

$$F_{21} = -F_{12}, \qquad F_{21} + F_{12} = 0 \qquad (2.15)$$

図 2.5 作用反作用の法則

## 2.3 直線運動

**等速直線運動**

等速直線運動は，慣性の法則で説明したように，力を受けていないか合力が 0 の場合の物体の運動である．

$x$ 軸に沿って等速直線運動する物体の速度は一定で，速さを微分した加速度の大きさ $a$ は 0 である．時刻 $t = 0$ における速さと位置をそれぞれ $v_0$, $x_0$ とすると，任意の時刻 $t$ における速さ $v(t)$ と位置 $x(t)$ は次式となる．

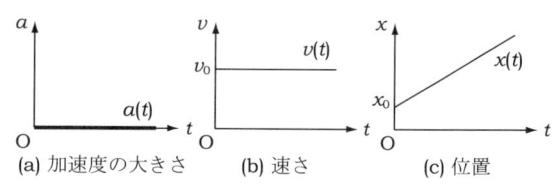

(a) 加速度の大きさ　(b) 速さ　(c) 位置

図 2.6 等速直線運動

$$v(t) = v_0, \qquad x(t) = x_0 + v_0 t \qquad (2.16)$$

加速度の大きさ，速さ，位置を，時刻 $t$ に対して図示すると，図 2.6 のようになる．

**等加速度直線運動**

物体が一定の加速度で直線上を動くときの運動を**等加速度直線運動**という．式 (2.14) より，等加速度運動は，物体に一定の大きさの力がはたらき続けるときの運動である．加速度の大きさ，速さ，位置の時刻 $t = 0$ における値を，それぞれ $a_0$, $v_0$, $x_0$ とし，任意の時刻 $t$ における値を $a(t)$, $v(t)$, $x(t)$ とする．等加速度であることから，$a(t) = a_0$ である．加速度の定義より $\dfrac{dv}{dt} = a_0$. 両辺に $dt$ をかけると $dv = a_0\, dt$ となり，これを時刻 $t = 0$ から $t$ まで積分すると，次式が得られる．

$$\int_{v_0}^{v(t)} dv = \int_0^t a_0\, dt, \qquad v(t) = v_0 + a_0 t \qquad (2.17)$$

## 2.3 直線運動

速度の定義より，$\dfrac{dx}{dt} = v_0 + a_0 t$ である．この式の両辺に $dt$ をかけると，$dx = (v_0 + a_0 t)dt$ となり，時刻 $t = 0$ から $t$ まで積分すると，次式が得られる．

$$\int_{x_0}^{x(t)} dx = \int_0^t (v_0 + a_0 t) dt, \qquad x(t) = x_0 + v_0 t + \frac{1}{2} a_0 t^2 \tag{2.18}$$

式 (2.17) と式 (2.18) から $t$ を消去すると，次の関係が得られる．

$$v(t)^2 - v_0^2 = 2a_0 (x(t) - x_0) \tag{2.19}$$

加速度の大きさ，速さ，位置の関係を図 2.7 に示す．加速度の大きさの図で，影をつけた部分の面積が，その時刻までの速さの増加になり，速さの図で影をつけた面積が，その時刻までの位置のずれになる．

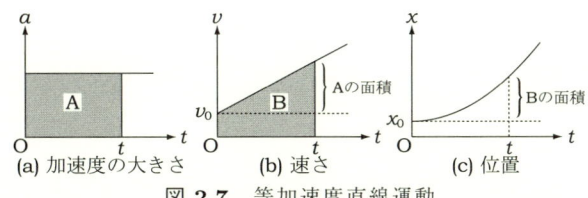

**図 2.7** 等加速度直線運動
(a) 加速度の大きさ (b) 速さ (c) 位置

日常で見られる等加速度運動は，地上で静かに放されて落下する運動である．式 (2.5) より，加速度は力に比例する．どのような力がはたらいて，落体は等加速度運動をするのかを以下に説明する．

**万有引力の法則**

質量 $m_1$ と $m_2$ をもつ 2 つの物体の間には，その積に比例し，互いの距離 $R$ の 2 乗に反比例する大きさの引力 $F$ がはたらく．

$$F = G \frac{m_1 m_2}{R^2} \tag{2.20}$$

この力を**万有引力**とよび，式 (2.20) で表される関係を**万有引力の法則**という．力の方向は，2 つの物体を通る直線上である．$G$ は**万有引力定数**とよばれ，精密な測定により，その値は次のように与えられている．

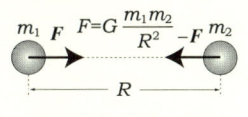

**図 2.8** 万有引力

$$G = 6.67 \times 10^{-11} \quad \mathrm{N \cdot m^2 / kg^2} \tag{2.21}$$

**問い** 地球と太陽の間の距離を $1.5 \times 10^{11}$ m とし，太陽の質量を $2.0 \times 10^{30}$ kg，地球の質量を $6.0 \times 10^{24}$ kg とすれば，太陽と地球の間の万有引力の大きさはいくらか． (答：$3.6 \times 10^{22}$ N)

## 重力と万有引力

我々は常に，下向きの重力がはたらく地表で生活している．**重力**とは，地球と物体との間にはたらく万有引力のことである．質量 100 g ほどのりんごにはたらく地球の重力は，およそ 1 N である．これと比べて，例えば，1 m 離れた同じ質量 70 kg の 2 人の人の間にはたらく万有引力は $3.3 \times 10^{-7}$ N で，比べものにならないほど弱い．このことから，地上の物体の運動では，物体同士の万有引力は無視し，地球と物体との万有引力，すなわち重力のみを考えてもほとんど正しい結果が得られるのである．

物体が重力を受けて落下するときの加速度を**重力加速度**とよぶ．地球は大きな球状の物体であるが，万有引力を考える場合，地球の全質量 $M$ がすべて半径 $R$ の地球の中心に集まったものとみなしてよいことが証明されている．したがって，物体の質量を $m$ とし，式 (2.6) より (質量 × 重力加速度) が物体にはたらく重力，すなわち物体と地球との万有引力に等しいとおいて，次式のような重力加速度の表式が求められる．

$$mg = G\frac{mM}{R^2}, \quad \text{したがって} \quad g = G\frac{M}{R^2} \tag{2.22}$$

この式から，地上では，物体は質量によらず一定の大きさ $g$ の加速度で落下することがわかる．

物理定数表の地球半径，地球質量の値を代入して計算すると，重力加速度の大きさは，およそ $g = 9.8 \text{ m/s}^2$ と求められ，実際に落下する加速度の大きさをよく表している．この値は，場所による高度や緯度の違いによってわずかに変化することがわかっている．

---

**例題 2.2**

時刻 $t = 0$ において，地表からの高さ $h_0$ のところで，質量 $m$ の物体を鉛直上方に初速度 $v_0$ で投げ上げた．任意の時刻 $t$ における速度と位置，および到達する最高の高さを求めよ．

---

**解** 鉛直上方に $y$ 座標をとり，地表を $y = 0$ とする．物体は $y$ 軸に沿って加速度 $-g$ の等加速度直線運動をする．時刻 $t$ における速度 $v_y(t)$ は，式 (2.17) より

$$v_y(t) = v_0 - gt$$

## 2.4 平面運動

位置 $y(t)$ は，式 (2.18) より，

$$y(t) = h_0 + v_0 t - \frac{1}{2} g t^2$$

到達する最高の高さ $h_m$ は，$v_y = 0$ となる時刻 $t = \dfrac{v_0}{g}$ を位置の式に代入して，次式となる．

$$h_m = h_0 + \frac{v_0^2}{2g}$$

## 2.4 平面運動

**水平投射**

質量 $m$〔kg〕をもつ物体には，地上では地球の引力により大きさ $mg$〔N〕の重力が鉛直下方にはたらく．ここで，高さ $h_0$ から水平方向に速度 $v_0$ で物体を投げたときの運動を考える．投げ出す瞬間の時刻を $t = 0$ とし，投げ出す速度 $v_0$ のことを**初速度**とよぶ．

図 2.9 のように，水平右向きに $x$ 軸，鉛直上向きに $y$ 軸を取る．時刻 $t$ における $x$ 方向と $y$ 方向の速さをそれぞれ $v_x(t)$ と $v_y(t)$ とすると，運動方程式は次式のようになる．

$$m \frac{dv_x}{dt} = 0, \quad m \frac{dv_y}{dt} = -mg \quad (2.23)$$

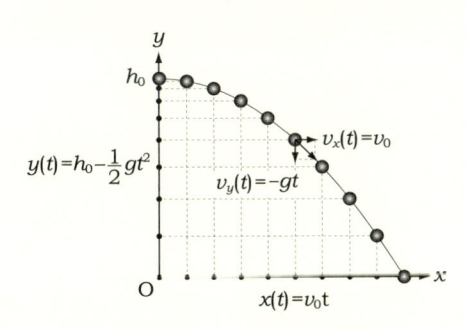

**図 2.9** 水平に投げた物体の運動

これから，$x$-$y$ 面内の運動でも，$x$ 方向および $y$ 方向が別々に解けることになる．時刻 $t = 0$ で初速度の大きさを $v_x(0) = v_0$，$v_y(0) = 0$ とし，式 (2.23) の両辺に $dt$ をかけて，時刻 0 から $t$ まで積分すると，$x$ 方向，$y$ 方向の速さが，それぞれ次のように求まる．

$$\int_{v_0}^{v_x(t)} dv_x = 0, \qquad v_x(t) = v_0 \quad (2.24)$$

$$\int_{0}^{v_y(t)} dv_y = -g \int_{0}^{t} dt, \qquad v_y(t) = -gt \quad (2.25)$$

速さの式 $\dfrac{dx}{dt} = v_x$，$\dfrac{dy}{dt} = v_y$ の右辺に，それぞれ求めた速さを代入し，両辺に $dt$ をかけて，時刻 $t = 0$ から $t$ まで積分すると，位置が次のように求まる．

$$\int_0^{x(t)} dx = v_0 \int_0^t dt, \qquad x(t) = v_0 t \qquad (2.26)$$

$$\int_{h_0}^{y(t)} dy = -g \int_0^t t\, dt, \qquad y(t) = h_0 - \frac{1}{2}gt^2 \qquad (2.27)$$

これらの 2 式から，$t$ を消去して $x(t)$ と $y(t)$ の関係を求めると，次式のように $x$-$y$ 面内での物体の軌跡が得られる．

$$y(t) = h_0 - \frac{g}{2v_0^2} x^2(t) \qquad (2.28)$$

これは 2 次関数で，**放物線**であることがわかる．式 (2.28) は，図 2.9 に曲線で描いてある．図の黒丸は同じ時間間隔の物体の位置を表しており，$x$ 方向は等速運動で，$y$ 方向は等加速度運動であることがわかる．これらの組合わせが，放物運動である．

**斜方投射**　図 2.10 のように，水平な $x$ 軸となす角 $\theta$ の方向に，原点から初速度 $\boldsymbol{v}_0$ で投げ上げた質量 $m$ の物体の運動を考える．鉛直上向きに $y$ 軸をとると，$t=0$ での初速度の $x$ 成分は $v_0 \cos\theta$，$y$ 成分は $v_0 \sin\theta$ である．

$x$ 方向には力がはたらいていないので，加速度の大きさは 0 で，任意の時刻 $t$ での速さ $v_x(t)$，と位置 $x(t)$ は，水平に投げた場合と同じように解いて，次式となる．

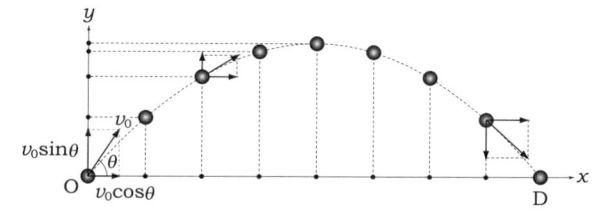

図 2.10　斜めに投げられた物体の運動

$$v_x(t) = v_0 \cos\theta, \qquad x(t) = v_0 \cos\theta \cdot t \qquad (2.29)$$

$y$ 軸方向には下向きに重力 $-mg$ がはたらいており，運動方程式は水平に投げた場合と同じで，任意の時刻 $t$ での速さ $v_y(t)$ を求めれば，次式を得る．

$$m\frac{dv_y}{dt} = -mg, \quad \int_{v_0 \sin\theta}^{v_y(t)} dv_y = -g \int_0^t dt, \quad v_y(t) = v_0 \sin\theta - gt \qquad (2.30)$$

任意の時刻の $y$ 座標 $y(t)$ は，速さの式 $\dfrac{dy}{dt} = v_y$ の右辺に求めた $v_y$ を代入し積分すると，次式のように求められる．

$$\int_0^{y(t)} dy = \int_0^t (v_0 \sin\theta - gt)dt, \qquad y(t) = v_0 \sin\theta \cdot t - \frac{1}{2}gt^2 \qquad (2.31)$$

物体の軌跡は，$x(t)$ と $y(t)$ の式から $t$ を消去すれば求まり，次式となる．

$$y = x\tan\theta - \frac{g}{2v_0^2 \cos^2\theta}x^2 \qquad (2.32)$$

式 (2.32) は，図 2.10 に曲線で描いてある．図中の黒丸は，同じ時間間隔での物体の位置を表しており，$x$ 方向は等速度運動である．また，$y$ 方向の黒丸の運動は，大きさ $v_0 \sin\theta$ の初速度で真上に投げ上げられた物体の運動と同じになっている．

投げ上げた後，物体の落下する $x$ 軸上の位置 $D$ は，式 (2.32) で $y = 0$ となる $x$ の値で

$$D = \frac{v_0^2 \sin 2\theta}{g} \qquad (2.33)$$

である．投げ上げ角度 $\theta = 45°$ のとき，最長の距離 $D = v_0^2/g$ までとどくことがわかる．

問い：斜方投射の問題で，物体が最も高くなったときの高さ $h$ はいくらか．
$$\left(答: h = \frac{v_0^2 \sin^2\theta}{2g}\right)$$

## 2.5 円運動と振動

**等速円運動**　ある半径の円周に沿って，一定の速さで回る物体の運動を**等速円運動**という．ここでは，力を与えて運動方程式を解く問題とは逆に，物体が等速円運動をしていたら，どのような力がはたらいているかを考える．

図 2.11(a) は，中心 O，半径 $r$ の円周上を等速円運動する物体で，同じ時間間隔で移動する位置を示している．短い時間 $\Delta t$ の間に角度が $\Delta \theta$ 変わるとき，

$$\omega = \lim_{\Delta t \to 0} \frac{\Delta \theta}{\Delta t} = \frac{d\theta}{dt} \qquad (2.34)$$

を**角速度**という．角度を rad(ラジアン)[10]で表し，角速度の単位は rad/s(ラジアン毎秒)である．

$\Delta t$ の間に物体は円弧 PP′ 上を動くが，この円弧の長さ $\Delta s$ は，ラジアンの定義，(円弧の長さ)=(半径)×(ラジアンで表した角度)から

$$\Delta s = r\Delta\theta = r\omega\Delta t \quad (2.35)$$

となる．ここで，$\omega = \dfrac{\Delta\theta}{\Delta t}$ を用いた．円周に沿った速さ $v$ は $v = \dfrac{\Delta s}{\Delta t}$ であるから，次式を得る．

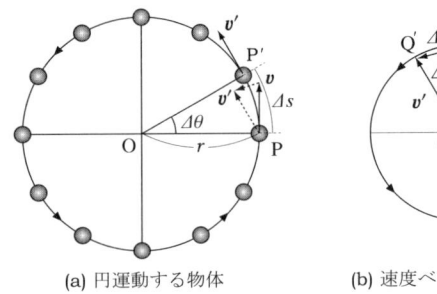

(a) 円運動する物体　　(b) 速度ベクトルの回転

図 **2.11**　等速円運動

$$v = r\omega \quad (2.36)$$

物体が円を一周する時間 $T$ を**周期**という．単位時間に回る回数 $n$ を**回転数**という．回転数は，単位時間を $T$ で割れば求まり，$T$ の逆数となる．周期は，ラジアンで表した一周の角 $2\pi$ を角速度 $\omega$ で割れば求まる．また，一周の距離 $2\pi r$ を速さ $v$ で割っても，周期は求まる．これらから，周期と回転数には，次式のような関係がある．

$$T = \frac{2\pi}{\omega} = \frac{2\pi r}{v}, \qquad n = \frac{1}{T} \quad (2.37)$$

**問い**　半径 10 cm で周期が 0.2 s の等速円運動の速さ，角速度，回転数はいくらか．　　(答：3.1 m/s，31 rad/s，5 Hz)

**向心力**

図 2.11(a) の P 点および P′ 点での物体の速度を $v$, $v'$ とする．$v$ と $v'$ は円の接線方向を向いており，ともに半径方向と垂直なので，$v$ と $v'$ のなす角は OP と OP′ のなす角 $\Delta\theta$ と同じである．

---

[10] ラジアンは弧度ともよばれ，弧の長さで角度を表すように定義された角度である．具体的には，半径 $r$，中心角 $\theta$ の扇形での弧の長さが $r\theta$ となるような角度の測り方で，円の場合には弧は円周 $2\pi r$ となるので，中心角 360° が $2\pi$ となる．

## 2.5 円運動と振動

また,速度ベクトルの大きさ $v$ は一定なので,図 2.11(b) のように,速度ベクトルの一端を O' にして描くと,図 2.11(a) で点 P が一周すると図 2.11(b) で点 Q も一周することになる.これより,速度ベクトルの角速度は P と同じ $\omega$ である.したがって,図 2.11(b) の弧 QQ' は $v\Delta\theta = v\omega\Delta t$ である.

加速度ベクトル $\boldsymbol{a}$ は,速度の差 $\Delta\boldsymbol{v} = \boldsymbol{v}' - \boldsymbol{v}$ を時間 $\Delta t$ で割ったものである. $\Delta v$ の大きさは,Q から Q' の弦の長さに等しく,$\Delta\theta$ が小さくなると,弧 QQ' に等しくなる.したがって,加速度の大きさ $a$ は,弧 QQ' を時間 $\Delta t$ で割った値

$$a = \frac{v\omega\Delta t}{\Delta t} = v\omega \tag{2.38}$$

となる.式 (2.36) を用いると,加速度の大きさは次のようにも表せる.

$$a = r\omega^2 = \frac{v^2}{r} \tag{2.39}$$

加速度ベクトル $\boldsymbol{a}$ の向きは $\Delta\boldsymbol{v}$ の向きで,$\Delta\theta$ が小さくなると,$\boldsymbol{v}$ に垂直となり,図 2.11(a) において,中心 O の方向を向く.したがって,**物体が等速円運動しているときの加速度は,いつも円の中心を向いている**.

運動の法則より,加速度 $\boldsymbol{a}$ をもつ質量 $m$ の物体には力 $\boldsymbol{F} = m\boldsymbol{a}$ がはたらいている.等速円運動の加速度の大きさは,式 (2.39) で表され,方向は円の中心に向かっている.したがって,等速円運動には,大きさ

$$F = ma = mr\omega^2 = m\frac{v^2}{r} \tag{2.40}$$

の円の中心に向かう力がはたらいていることになる.これを**向心力**とよぶ.

円運動に向心力がはたらくことは,図 2.12 のように,糸の先に物体を取りつけてぐるぐる回そうとするとき,いつも中心の方向に引くようにしなければならないことからも体験できる.

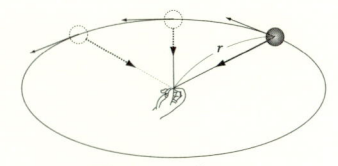

**図 2.12** 向心力

**単振動**

図 2.13(a) は,等速円運動をする球を,一定の時間間隔で写真に撮ったものである.この運動を真横から見ると,図 2.13(b) のように上下に振動して見える.このような球の運動を**単振動**という.

図 2.13 の球の運動を，時間と共にグラフに表したものが図 2.14 であり，球 P は中心 O の周りを半径 $A$ で等速円運動をしている．左の図では，$x$-$y$ 座標が $90°$ 左に回転しており，$x$ 軸が上を向いている．球 P のいる位置の角度を $y$ 軸の負の向きから測り，その角を $\theta$ とする．真横から見るということは，球 P から $x$ 軸に下ろした垂線との交点を点 Q とし，点 Q の $x$ 座標だけを見ることに対応する．このとき，点 Q の $x$ 座標は，$x = A\sin\theta$ となる．

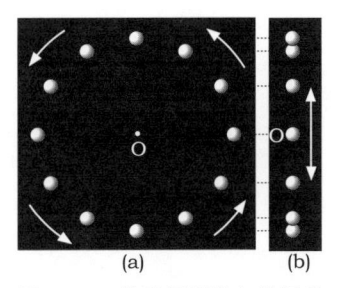

**図 2.13** 等速円運動と単振動

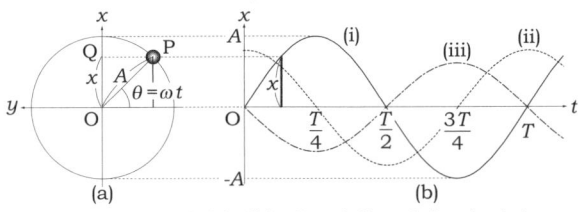

**図 2.14** 円運動と単振動の変位，速度，加速度

等速円運動の角速度を $\omega$ とすると，球 P が $y$ 軸上にあった時刻を $t = 0$ として，$\theta = \omega t$ である．したがって，単振動をする点 Q は次式となる．

$$x(t) = A\sin\omega t \tag{2.41}$$

$x(t)$ を時刻 $t$ の関数としてグラフにすると，図 2.14(b) の実線となる．この曲線を**正弦曲線**という．単振動では，$A$ を**振幅**，$\omega t (= \theta)$ を**位相**，$\omega$ を**角振動数**，$T = \dfrac{2\pi}{\omega}$ を**周期**とよぶ．また，$\nu = \dfrac{1}{T} = \dfrac{\omega}{2\pi}$ は**振動数**という．振動数の単位は，Hz(ヘルツ) である．

周期，角振動数，振動数の間には次の関係がある．

$$T = \frac{2\pi}{\omega}, \qquad T = \frac{1}{\nu}, \qquad \omega = 2\pi\nu \tag{2.42}$$

単振動する物体の速さ $v(t)$ は，式 (2.41) を時刻 $t$ で微分して得られる．

$$v(t) = \frac{d}{dt}(A\sin\omega t) = \omega A\cos\omega t \tag{2.43}$$

速さの時間変化は図 2.14(b) に点線 (ii) で表してある．ただし，縦軸のスケールは位置とは無関係な任意の値である．このグラフから，速さは位置のグラフに

## 2.5 円運動と振動

対して，時間で $\frac{T}{4}$ だけ，位相にして $\frac{T}{4} \times \frac{2\pi}{T} = \frac{\pi}{2}$ だけ遅れて振動していることがわかる．また，位置が大きいところで速さが 0 になっており，逆に，位置が 0 のところで速さが大きくなっている．

単振動する物体の加速度の大きさ $a(t)$ は，式 (2.43) を微分して得られる．

$$a(t) = \frac{d}{dt}(\omega A \cos \omega t) = -\omega^2 A \sin \omega t \tag{2.44}$$

加速度の大きさが時間と共にどのように変化するかは，図 2.14(b) に一点鎖線 (iii) で示してある．加速度の大きさは，位置とは振れがちょうど反対になっており，位置とは時間にして $\frac{T}{2}$ だけ，位相にして $\frac{T}{2} \times \frac{2\pi}{T} = \pi$ だけずれている．

単振動する物体の質量を $m$ とすると，運動の法則より $\boldsymbol{F} = m\boldsymbol{a}$ の力がはたらいているので，その大きさ $F$ は

$$F = ma = -m\omega^2 A \sin \omega t = -kx \tag{2.45}$$

となる．ただし，$k = m\omega^2$ は定数である．マイナス符号は，力の向きが変位 $x$ の向きと反対を向いていることを表している．引き戻す力がばねによる場合，特に $k$ を**ばね定数**とよぶ．これらから逆に，変位に比例して引き戻す力がはたらく物体は，単振動を行うことがわかる．

角速度 $\omega$ で円運動する質量 $m$ の物体には，式 (2.40) より大きさ $mr\omega^2$ の向心力が円の中心の方向にはたらいており，この力の $x$ 成分は $-m\omega^2 r$ となり，これは，単振動の引きもどす力，式 (2.45) に対応する．

### ばねでつながれた 2 物体の振動

同じ質量 $m$ をもつ 2 つの物体が，ばね定数 $k$ のばねに図 2.15 のようにつながれている．2 つの物体をばねの自然の長さ（自然長）より引き離し，滑らかな水平面上に置いて静かに放す．

すると，ばねは図のように伸縮して振動する．このような振動は，2 つの原子からなる **2 原子分子の振動**の簡単なモデルである．それぞれの物体が，自然長から左右に $\frac{x}{2}$ ずつずれると，ばねは $x$ だけ伸びた (または縮んだ) ことになり，ばねには引き戻す力 $kx$ が生じる．

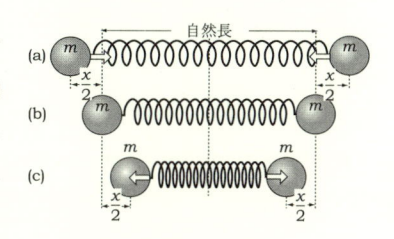

図 **2.15** 2 つの物体の振動

ばねが伸びた場合，この力は，自然の位置から $x_1$ ずれた左の物体には右向きに，$x_2$ ずれた右の物体には左向きに作用する．このとき，ばねの伸びは $x = x_2 - x_1$ である．

右向きに $x$ 座標を取れば，2つの物体の運動方程式は次式となる

$$m\frac{d^2x_1}{dt^2} = kx, \qquad m\frac{d^2x_2}{dt^2} = -kx \qquad (2.46)$$

式 (2.46) で，右の式から左の式を辺々引くと，次式の運動方程式が得られる．

$$m\frac{d^2x}{dt^2} = -2kx \qquad (2.47)$$

運動の法則と式 (2.45) から，これは単振動の式と同じであることがわかる．これより，2つの物体は，角振動数 $\omega = \sqrt{\dfrac{2k}{m}}$ で単振動することになる．

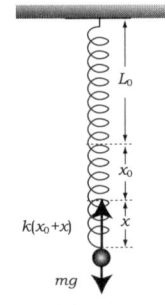

図 **2.16**
ばね振り子

### ばね振り子

図 2.16 のように，重さの無視できるばね定数 $k$ のばねに質量 $m$ の物体をつけてつるすと，自然長 $L_0$ から $x_0$ だけ伸びてつり合う．このとき，下向きの重力 $mg$ と上向きのばねの力 $kx_0$ がつり合うので，$mg = kx_0$ である．

$x_0$ だけ伸びた位置から，さらに $x$ だけ伸ばして静かに放すと，物体は上下に振動する．このときの物体の運動方程式は，次式となる．

$$m\frac{d^2x}{dt^2} = -k(x_0 + x) + mg, \qquad m\frac{d^2x}{dt^2} = -kx \qquad (2.48)$$

これは，変位に比例した引き戻す力を受ける物体の運動方程式で，物体は，角振動数 $\omega = \sqrt{\dfrac{k}{m}}$，振動数 $\nu = \dfrac{1}{2\pi}\sqrt{\dfrac{k}{m}}$，周期 $T = 2\pi\sqrt{\dfrac{m}{k}}$ の単振動をする．

### 単振り子

図 2.17 のように，長さ $L$ の軽い糸の上端 $O'$ を固定し，下端に質量 $m$ の物体をつけた．物体を横に引き寄せてから静かに放すと，物体は $O'$ を含む鉛直面内で往復運動を行う．これを**単振り子**とよぶ．

物体には，糸の張力 $S$ と下向きに重力 $mg$ がはたらく．物体は糸の方向には変位しないので，糸が鉛直線とのなす角が $\theta$ のとき，糸の張力と重力の糸の方向の成分 $mg\cos\theta$ はつり合っている．すなわち，$S = mg\cos\theta$．

2.6 運動量と角運動量

糸に垂直な重力の方向の成分 $mg\sin\theta$ は，物体を最下端 O に引き戻す方向にはたらく．$\theta$ が小さいときは $\sin\theta = \theta$ と近似できるので，引き戻す力の大きさは $mg\theta$ となる．O から運動の方向に沿った物体の変位を $x$ とすると，ラジアンの定義から，$x = L\theta$ である．したがって，引き戻す力の大きさは $mg\theta = \dfrac{mgx}{L}$ となる．

これらのことより，運動方程式は次式となる．

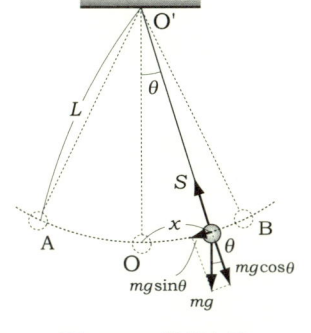

$$m\frac{d^2x}{dt^2} = -\frac{mg}{L}x \tag{2.49}$$

**図 2.17** 単振り子

これは，変位 $x$ に比例した引き戻す力を受ける物体の運動で，$\dfrac{mg}{L}$ がちょうどばね定数 $k$ にあたるので，単振動の場合との対応で，単振り子の周期は

$$T = 2\pi\sqrt{\frac{L}{g}} \tag{2.50}$$

と求まる．はじめに $x_0$ だけ変位させ静かに放すと，変位 $x$ は次式のように cos 関数で与えられる．

$$x(t) = x_0 \cos\left(\sqrt{\frac{g}{L}}t\right) \tag{2.51}$$

> **問い** 質量 1 kg の物体が周期 2.0 s，振幅 1.0 m の単振動を行っている．① この物体の最大の速さはいくらか．② この物体の最大の加速度の大きさはいくらか． (答：① 3.1 m/s ② 9.9 m/s²)

## 2.6 運動量と角運動量

**運動量**

運動している物体を受け止めようとするとき，速さが大きいほど大きな力を必要とし，同じ速さでも質量が大きい物体ほど大きな力を必要とする．そこで，物体の運動の強さ，あるいは運動の勢いを表すものとみなせる量として，次式の質量 $m$ と速度 $\boldsymbol{v}$ の積 $\boldsymbol{p}$ を導入して，これを運動量とよぶ．

$$\boldsymbol{p} = m\boldsymbol{v} \tag{2.52}$$

速度がベクトルであるので，運動量もベクトルとなる．運動量の単位は〔kg·m/s〕(キログラム・メートル毎秒) である．

**運動量と力積**

図 2.18 のように，質量 $m$ の物体に力 $\boldsymbol{F}$ が時刻 $t$ から $t+\Delta t$ まで作用し，速度が $\boldsymbol{v}$ から $\boldsymbol{v}'$ まで変化したとする．すると，運動量は $\boldsymbol{p} = m\boldsymbol{v}$ から $\boldsymbol{p}' = m\boldsymbol{v}'$ まで変化したことになる．この物体の運動方程式 $m\dfrac{d\boldsymbol{v}}{dt} = \boldsymbol{F}$ の両辺に $dt$ をかけて，$x$ 成分だけを記すと次式となる．

$$m\, dv_x = F_x\, dt \tag{2.53}$$

時刻 $t$ から $t+\Delta t$ まで両辺を積分すれば，速度の $x$ 成分は $v_x$ から $v'_x$ まで変化するので，次式が得られる．

$$m\int_{v_x}^{v'_x} dv_x = \int_t^{t+\Delta t} F_x\, dt$$
$$mv'_x - mv_x = \int_t^{t+\Delta t} F_x\, dt \tag{2.54}$$

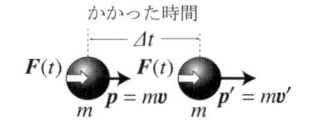

図 **2.18** 運動量と力積

式 (2.54) は，$y$, $z$ についても同様の式が成り立つので，まとめてベクトルとして考えてよい．式 (2.54) の左辺は，この時間内の運動量の変化 $\boldsymbol{p}' - \boldsymbol{p}$ であり，右辺の $\displaystyle\int_t^{t+\Delta t} \boldsymbol{F}\, dt$ は，力を時間で積分したものである．そこで，この右辺の量を**力積**とよぶ．運動方程式から導かれたこの式は，**物体の運動量の変化は，その物体に与えられた力積に等しい**ことを示している．

**問い** 質量 300 g のボールが，100 km/h で飛んでくるところをバットで打ち返したところ，ボールはもとの方向へ同じ速さで飛んでいった．このとき，バットがボールに与えた力積はいくらか．

(答: 16.7 N·s)

**力の時間変化と力積**

図 2.19(a) のように，力が一定の場合，式 (2.54) の積分は $F\Delta t$ となり，図の影をつけた部分の面積となる．したがって，運動量はこの面積分だけ増加する．

## 2.6 運動量と角運動量

図 2.19(b) のように，力が一定でない場合でも，力の時間変化のグラフにおいて，図の影をつけた部分の面積が力積となり，この面積に相当する運動量の増加が起きる．$\Delta t$ が非常に短い力は撃力とよばれ，ボールをバットで打つときなどがこれにあたる．時間は短いけれども力 $F$ の最大値が大きいと，力積が大きくなり，ボールの運動量を大きく変化させることになる．

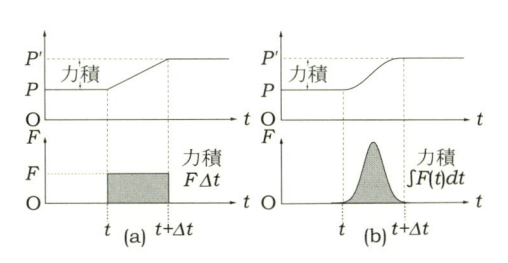

**図 2.19** 時間変化する力と力積

### 運動量の保存

図 2.20 のように，質量 $m_1$ の物体1が質量 $m_2$ の物体2に衝突する場合を考える．

衝突前と後では，両物体とも力を受けていないとする．衝突中は互いに力を及ぼし合い，物体1が物体2に及ぼす力を $\boldsymbol{F}_{12}$，物体2が物体1に及ぼす力を $\boldsymbol{F}_{21}$ とすると，両物体の衝突中の運動方程式は次式となる．

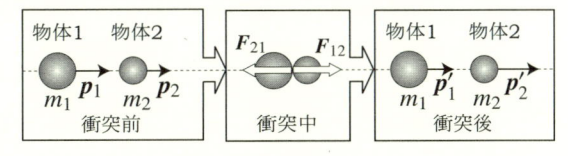

**図 2.20** 運動量保存則

$$m_1 \frac{d\boldsymbol{v}_1}{dt} = \boldsymbol{F}_{21}, \qquad m_2 \frac{d\boldsymbol{v}_2}{dt} = \boldsymbol{F}_{12} \tag{2.55}$$

式 (2.55) の辺々を加えると，右辺は作用反作用の法則により 0 となる．したがって，衝突の全過程で次式が成り立つ．

$$m_1 \frac{d\boldsymbol{v}_1}{dt} + m_2 \frac{d\boldsymbol{v}_2}{dt} = 0 \tag{2.56}$$

式 (2.56) の辺々に $dt$ をかけ，衝突の前の運動量 $\boldsymbol{v}_1$, $\boldsymbol{v}_2$ から，衝突後の運動量 $\boldsymbol{v}_1'$, $\boldsymbol{v}_2'$ まで積分すると，次式が得られる．

$$m_1 \boldsymbol{v}_1' + m_2 \boldsymbol{v}_2' = m_1 \boldsymbol{v}_1 + m_2 \boldsymbol{v}_2 \tag{2.57}$$

運動量は $\boldsymbol{p}_1 = m_1 \boldsymbol{v}_1$, $\boldsymbol{p}_2 = m_2 \boldsymbol{v}_2$ であるから，この式は衝突の前後で 2 つの物体の運動量の和が一定であることを示している．

このような 2 つの物体の衝突に限らず，**外力を受けずに，内力を及ぼしあって運動するいくつかの物体の運動量の和は一定となる**．これを運動量の保存則とよぶ．

> **問い** 滑らかな水平面の $x$ 軸方向に速度 3 m/s で進む質量 1 kg の球が，$y$ 軸方向に速度 4 m/s で進む質量 1 kg の球と衝突し，その後は一体となって進んでいった．衝突後の速さはいくらか．（答：2.5 m/s）

### はねかえり係数

床に落としたとき，ピンポン玉はよく弾むが，粘土のかたまりは弾まない．このはねかえりの程度は，衝突の前後における相対速度の比で表すことができる．図 2.20 の衝突の場合，相対速度の比は，次式で表される．

$$e = -\frac{v'_2 - v'_1}{v_2 - v_1} \tag{2.58}$$

この比 $e$ のことを**はねかえり係数** (**反発係数**) とよぶ．はねかえりの程度を調べる場合，速度は衝突する面に対して垂直な成分だけを考えることになる．一直線上の衝突なら，その衝突前後の速さを用いればよい．

衝突後に相対的な勢いが増すことはないので，$e$ は $0 \leq e \leq 1$ の値を取る．$e = 1$ の衝突を**完全弾性衝突**とよぶ．このとき，衝突の前後で相対速度の大きさが等しいので，もっともよくはねかえる衝突を表している．$0 \leq e < 1$ の衝突を**非弾性衝突**とよび，$e = 0$ の場合を特に**完全非弾性衝突**とよぶ．このとき，衝突後の相対速度が 0 なので，2 物体は一体となって運動する．

### 角運動量

質量 $m$，位置ベクトル $r$ の質点に対して，次式のように，位置ベクトルと運動量 $p$ とのベクトル積として定義されるベクトルを，角運動量とよぶ．

$$\boldsymbol{L} = \boldsymbol{r} \times \boldsymbol{p} \tag{2.59}$$

O-$xyz$ の座標系で，$z$ 軸を回転軸として，半径 $r$，角速度 $\omega$ で等速円運動する質量 $m$ の質点を考える．質点の速度は，式 (2.36) から大きさは $v = r\omega$ であり，方向は $r$ に垂直 ($\theta = 90°$) である．したがって，式 (2.59) よ

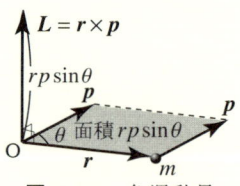

**図 2.21** 角運動量

## 2.6 運動量と角運動量

り，等速円運動をしている質点の角運動量の大きさは

$$L = rmv = mr^2\omega \tag{2.60}$$

となる．方向は $z$ 軸の正の方向である．

　回転運動は，質量，回転半径，回転速度がそれぞれ大きいほど勢いがあるので，式 (2.60) より，角運動量は物体の回転の強さ，あるいは回転の勢いを表す量であることがわかる．

**角運動量と力のモーメント**　同じベクトル間のベクトル積，例えば $\boldsymbol{v} \times \boldsymbol{v}$ というような場合，そのなす角 $\theta$ が 0 となるので，ベクトル積は 0 となる．このことから，角運動量の時間微分を取れば，次式が得られる．

$$\begin{aligned}\frac{d\boldsymbol{L}}{dt} &= \frac{d}{dt}(\boldsymbol{r} \times \boldsymbol{p}) = m\frac{d}{dt}(\boldsymbol{r} \times \boldsymbol{v}) \\ &= m\boldsymbol{v} \times \boldsymbol{v} + m\boldsymbol{r} \times \frac{d\boldsymbol{v}}{dt} = \boldsymbol{r} \times \frac{d\boldsymbol{p}}{dt}\end{aligned} \tag{2.61}$$

ここで，$\dfrac{d\boldsymbol{r}}{dt} = \boldsymbol{v}$ の関係を用いている．式 (2.61) に対して，$m$ に加わる力を $\boldsymbol{F}$ として運動方程式 $\dfrac{d\boldsymbol{p}}{dt} = \boldsymbol{F}$ を適用すれば，

$$\frac{d\boldsymbol{L}}{dt} = \boldsymbol{r} \times \boldsymbol{F} \tag{2.62}$$

ここで，位置ベクトルと力のベクトルとのベクトル積を

$$\boldsymbol{N} = \boldsymbol{r} \times \boldsymbol{F} \tag{2.63}$$

とおき，**力のモーメント**とよぶことにすれば，式 (2.62) は

$$\frac{d\boldsymbol{L}}{dt} = \boldsymbol{N} \tag{2.64}$$

と書かれる．式 (2.64) から，**角運動量の時間微分は力のモーメントに等しい**ことがわかる．

## 2.7 質点系の運動

**2つの物体**

質量が $m_1$ と $m_2$ の2つの物体の位置を $\bm{r}_1$, $\bm{r}_2$ とし，それぞれの物体に外から作用している力を $\bm{F}_1$, $\bm{F}_2$ とする．さらに，2つの物体は互いに力を及ぼしあっていて，物体1が物体2に及ぼす力を $\bm{F}_{12}$，物体2が物体1に及ぼす力を $\bm{F}_{21}$ とする．このとき，作用反作用の法則より，式 (2.15) の関係が成り立つ．外から作用する力を**外力**，互いに及ぼしあう力を**内力**とよぶ．

これら2つの物体の運動方程式は，運動の法則より次式となる．

$$m_1 \frac{d^2 \bm{r}_1}{dt^2} = \bm{F}_1 + \bm{F}_{21}, \qquad m_2 \frac{d^2 \bm{r}_2}{dt^2} = \bm{F}_2 + \bm{F}_{12} \tag{2.65}$$

この式の辺々をそれぞれ加えると，内力の和は式 (2.15) により0となり，外力の和 $\sum_{i=1}^{2} \bm{F}_i = \bm{F}_1 + \bm{F}_2$ のみとなる．左辺の和をまとめるために，次式で定義される位置のベクトル $\bm{r}_G$ を用いる．

$$\bm{r}_G = \frac{m_1 \bm{r}_1 + m_2 \bm{r}_2}{m_1 + m_2} = \frac{\sum_{i=1}^{2} m_i \bm{r}_i}{\sum_{i=1}^{2} m_i} \tag{2.66}$$

このように定義された $\bm{r}_G$ の指す位置を**重心**とよぶ．また，2つの質量の和 $M$ を**全質量**といい，次式で表される．

$$M = m_1 + m_2 = \sum_{i=1}^{2} m_i \tag{2.67}$$

これらより，式 (2.65) の両辺の和は，

$$M \frac{d^2 \bm{r}_G}{dt^2} = \sum_{i=1}^{2} \bm{F}_i \tag{2.68}$$

となる．式 (2.68) より，外力に対する2つの物体の運動は，全質量 $M$ をもち，外力の和が作用するような重心の運動として表されることを示している．

**$n$ 個の物体**

このことは2つの物体ばかりでなく，任意の $n$ 個の物体についても成り立つ．$i$ 番目の物体の質量を $m_i$，位置を $\bm{r}_i$ とし，$i$ 番目の物体に作用す

## 2.7 質点系の運動

る外力を $\boldsymbol{F}_i$ とする．また，$i$ 番目の物体が $j$ 番目の物体に及ぼす内力を $\boldsymbol{F}_{ij}$，$j$ 番目の物体が $i$ 番目の物体に及ぼす内力を $\boldsymbol{F}_{ji}$ とすれば，$i$ 番目の物体の運動方程式は，次式となる．

$$m_i \frac{d^2 \boldsymbol{r}_i}{dt^2} = \boldsymbol{F}_i + \sum_{j \neq i} \boldsymbol{F}_{ji} \tag{2.69}$$

ここで，式 (2.67) や式 (2.66) と同様に，**全質量** $M$ と**重心** $\boldsymbol{r}_G$ を次のように定義する．

$$M = \sum_{i=1}^{n} m_i, \quad \boldsymbol{r}_G = \frac{\sum m_i \boldsymbol{r}_i}{M} \tag{2.70}$$

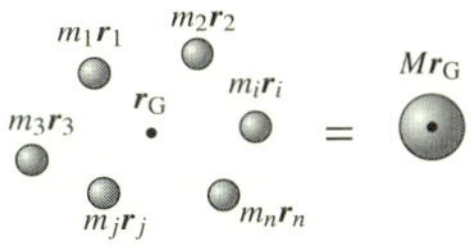

$n$ 個の物体について，式 (2.69) の方程式の辺々をすべて加えると，右辺の内力の項は作用反作用の法則 $\boldsymbol{F}_{ij} + \boldsymbol{F}_{ji} = 0$ から 0 となり，外力の項のみが残るので，

**図 2.22** 質点系と重心

$$M \frac{d^2 \boldsymbol{r}_G}{dt^2} = \sum_{i=1}^{n} \boldsymbol{F}_i \tag{2.71}$$

のように運動方程式が表される．

このように，外力に対する $n$ 個の物体全体の運動は，全質量を一点にもつ重心の運動を考えればよいことがわかる．我々がいままで運動を考えてきた物体は，たくさんの原子から構成されていて，空間的に広がっている．しかし，それらの重心に物体の全質量が集まっているとし，この点の運動として考えれば，これまでのように扱うことができる．このように，物体をその重心に全質量が集まった点と考えることを，**質点**とみなすという．複数の物体の運動をまとめて考えるとき，これらを質点の集まりとみなし，**質点系**とよぶ．

**$n$個の質点と運動量**

$n$ 個の質点の集まりの $i$ 番目の質点の質量を $m_i$，位置を $\boldsymbol{r}_i$，速度を $\boldsymbol{v}_i$，運動量を $\boldsymbol{p}_i$ とし，$i$ 番目の質点にはたらく外力を $\boldsymbol{F}_i$ とする．また，$i$ 番目の質点が $j$ 番目の質点に及ぼす力を $\boldsymbol{F}_{ij}$ とする．

質点系の**全運動量** $P$ を次のように定義する．

$$\boldsymbol{P} = \boldsymbol{p}_1 + \boldsymbol{p}_2 + \cdots + \boldsymbol{p}_n = \sum_{i=1}^{n} \boldsymbol{p}_i \tag{2.72}$$

$i$ 番目の質点の運動方程式は

$$\frac{d\boldsymbol{p}_i}{dt} = \boldsymbol{F}_i + \sum_{j \neq i} \boldsymbol{F}_{ji} \tag{2.73}$$

となり，この方程式をすべての $i$ と $j$ について加えると，右辺の内力の和は作用反作用の法則により 0 となる．これより，全運動量 $\boldsymbol{P}$ に対して次式を得る．

$$\frac{d\boldsymbol{P}}{dt} = \sum_{i=1}^{n} \boldsymbol{F}_i \tag{2.74}$$

この式は，**質点系の全運動量の時間変化は，外力の和に等しい**ことを示している．外力がはたらかない場合，右辺は 0 で，全運動量の和の時間変化は 0 となる．これより，全運動量は一定となり，質点系の**運動量の保存則**が導かれる．

**質点系と角運動量**　$n$ 個の質点からなる質点系において，各質点の角運動量の和

$$\boldsymbol{L} = \boldsymbol{L}_1 + \boldsymbol{L}_2 + \cdots + \boldsymbol{L}_n = \sum_{i=1}^{n} \boldsymbol{L}_i \tag{2.75}$$

を**全角運動量**という．全角運動量の時間微分を求めるのは，式 (2.62) に添字 $i$ をつけて，$i$ 番目の質点の式とし，すべての質点についての和を求めればよい．このとき，右辺の力のモーメントは外力と内力の和になる．

$i$ 番目と $j$ 番目の質点の両方に関係する内力のモーメントの和は，次式のように 0 となる．

$$\boldsymbol{r}_i \times \boldsymbol{F}_{ji} + \boldsymbol{r}_j \times \boldsymbol{F}_{ij} = (\boldsymbol{r}_i - \boldsymbol{r}_j) \times \boldsymbol{F}_{ji} = 0 \quad (2.76)$$

ここで，作用反作用の法則と，ベクトル $(\boldsymbol{r}_i - \boldsymbol{r}_j)$ が，図 2.23 のように，$\boldsymbol{F}_{ji}$ に平行であることを用

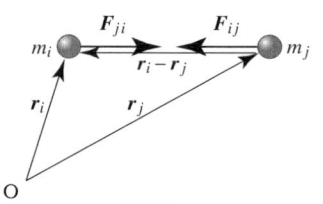

図 **2.23**　内力とモーメント

いた．このように，内力の力のモーメントは互いに打ち消し合って，和は 0 になる．

以上のことから，質点系の全角運動量 $\boldsymbol{L}$ の時間微分は，次式となる．

$$\frac{d\boldsymbol{L}}{dt} = \sum_{i=1}^{n} \boldsymbol{r}_i \times \boldsymbol{F}_i = \sum_{i=1}^{n} \boldsymbol{N}_i \tag{2.77}$$

## 2.8　剛体の運動

**剛体のつり合い**

質点系のうち，各質点間の距離が変わらないとき，その質点系を**剛体**とよぶ．気体や液体はそれ自体の形状が定まらないもので**流体**とよばれ，剛体ではない．固体は，変形が小さい場合には剛体とみなすことができるが，変形が無視できない場合には**弾性体**とよばれる．

剛体は質点系であるから，質点系の運動の式が適用できる．**剛体のつり合い**とは，i) 重心が動かない，ii) 回転しない，の 2 点が満たされる状態をいう．式 (2.71) より，i) の条件は外力の和が 0 となればよく，式 (2.77) より，ii) の条件は外力によるモーメントの和が 0 となればよい．したがって，剛体のつり合いの条件は，次式のように表される．

$$\sum_{i=1}^{n} \boldsymbol{F}_i = 0, \qquad \sum_{i=1}^{n} \boldsymbol{r}_i \times \boldsymbol{F}_i = 0 \tag{2.78}$$

**慣性モーメント**

$z$ 軸を回転軸とする剛体の回転を考える．式 (2.75) の角運動量の $z$ 成分を，ベクトル積の定義にしたがって，$x, y$ 成分を用いて表すと，次式を得る．

$$L_z = \sum_{i=1}^{n} m_i (x_i v_{yi} - y_i v_{xi}) = \sum_{i=1}^{n} m_i r_i^2 \frac{d\theta}{dt} = I_z \frac{d\theta}{dt} \tag{2.79}$$

ここでは，回転軸である $z$ 軸から $i$ 番目の質点までの距離を $r_i$ とし，$x_i = r_i \cos\theta$，$y_i = r_i \sin\theta$ を用いた．また，速度のそれぞれの成分については，これらを微分した

$$v_{xi} = \frac{dx_i}{dt} = -r_i \sin\theta \cdot \frac{d\theta}{dt}, \qquad v_{yi} = \frac{dy_i}{dt} = r_i \cos\theta \cdot \frac{d\theta}{dt} \tag{2.80}$$

を用いた．さらに，式 (2.79) の最後の等号で

$$I_z = \sum_{i=1}^{n} m_i r_i^2 \tag{2.81}$$

と定義しており，この量を質点系の $z$ 軸のまわりの**慣性モーメント**とよぶ．$x$ 軸，$y$ 軸のまわりの慣性モーメント $I_x, I_y$ も同様に定義され，それぞれの場合には $r_i$ として，各質点からそれぞれの軸まで距離を用いればよい．

## 例題 2.3

図 2.24(a) は質量 $m$ の原子が距離 $d$ 離れて結合した 2 原子分子，図 2.24(b) は，正四面体の 4 つの頂点に質量 $m$ の原子が 4 つ，中心に質量 $M$ の原子が 1 つある分子を，それぞれ模式的に表している．それぞれの分子の各軸に対する慣性モーメントはいくらか．

**解** (a) $x$ 軸と $y$ 軸のまわりの **2 原子分子の慣性モーメント**は，回転軸から両原子は $\dfrac{d}{2}$ だけ離れているので，式 (2.81) において，$r_i = \dfrac{d}{2}$ とおけば求めることができる．

$z$ 軸の場合は，原子が軸上にあるので $r_i = 0$ であり，慣性モーメントは 0 となる．

$$I_x = I_y = m \left(\frac{d}{2}\right)^2 + m \left(\frac{d}{2}\right)^2 = \frac{1}{2} m d^2, \quad I_z = 0 \tag{2.82}$$

(b) 中心の原子と，ある頂点にある原子を通る軸を $z$ 軸とする．$z$ 軸上にある原子は $r_i = 0$ で慣性モーメントには寄与がなく，軸から $r_i = \dfrac{d}{\sqrt{3}}$ だけ離れた 3 つの原子からの寄与を求めれば，次式が得られる．

$$I_z = m \left(\frac{d}{\sqrt{3}}\right)^2 \times 3 = m d^2 \tag{2.83}$$

このようにして，いろいろな原子配列の分子の慣性モーメントを計算することができる．

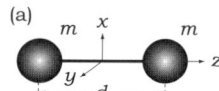

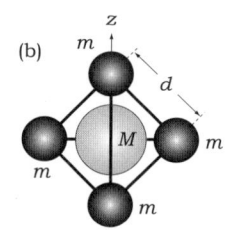

図 2.24 分子

### 円環と円板の慣性モーメント

図 2.25(a) のような，質量 $M$，半径 $a$ の円環を考える．この円環の中心軸のまわりの**円環の慣性モーメント** $I$ は，式 (2.81) において，$r_i$ はすべての部分で $a$ に等しいので，次式が得られる．

$$I = M a^2 \quad (円環) \tag{2.84}$$

図 2.25(b) のような，質量 $M$，半径 $a$ の円板を考える．この円板の中心軸のまわりの**円板の慣性モーメント**を求める場合，まず，図のように半径 $r$，幅 $dr$ の円環を考える．この部分の質量は，面積比から $\dfrac{2\pi r\, dr}{\pi a^2} M$ であり，この円環部分の慣性モーメント $dI$ は，円環の慣性モーメントの式 (2.84) より $dI = \dfrac{2M}{a^2} r^3 dr$ と求まる．あとは，$dI$ を $r = 0$ から $a$ まで積分することで，円板の慣性モーメ

図 2.25 円環と円板

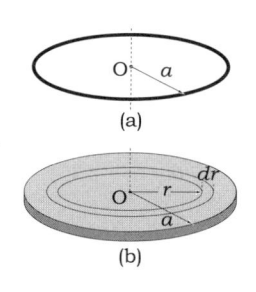

## 2.8 剛体の運動

ントは次式のように求められる．

$$I = \int dI = \frac{2M}{a^2}\int_0^a r^3 dr = \frac{M}{2}a^2 \quad (\text{円板}) \tag{2.85}$$

このようにして，いろいろな形の剛体について，同様な計算で慣性モーメントを求めることができる．

**固定軸の周りの剛体の運動**

質量 $M$，半径 $a$ の円板に鉛直で中心を通る $z$ 軸のまわりの回転運動を考える．図 2.26 のように，円板の中心を O，円板上の一点を P とし，回転軸に滑らないように糸を巻きつけて，一定の力 $F$ で引き続けるとする．円板面内の $x$ 軸と OP のなす角を $\theta$ とすれば，式 (2.79) と式 (2.85) より，$z$ 軸のまわりの角運動量は，角速度を $\omega = \dfrac{d\theta}{dt}$ として，$L = I\dfrac{d\theta}{dt} = I\omega = \dfrac{Ma^2}{2}\omega$ となる．力のモーメント $Fa$ は一定であり，式 (2.77) にこれらを代入して，運動方程式は次式となる．

$$\frac{Ma^2}{2}\frac{d\omega}{dt} = Fa \tag{2.86}$$

$\dfrac{d\omega}{dt}$ は**角加速度**で，この式は等角加速度運動を表している．剛体の回転運動と，物体の運動方程式である式 (2.14) を比べると，慣性モーメントが質量に，力のモーメントが力に対応していることがわかる．

式 (2.86) より，$t = 0$ で角速度を $\omega(0) = 0$ として，任意の時刻の角速度 $\omega(t)$ を求めると，次式となる．

$$\int_0^{\omega(t)} d\omega = \frac{2F}{Ma}\int_0^t dt, \quad \omega(t) = \frac{2F}{Ma}t \tag{2.87}$$

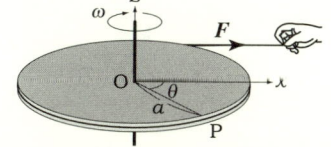

**図 2.26** 円板の回転運動

式 (2.87) は，時間に比例して角速度が増加することを表している．これは，等加速度運動する物体の速度が，時間に比例して増加することに対応している．

任意の時刻での角度 $\theta(t)$ は，$t = 0$ で $\theta(0) = \theta_0$ として，$\dfrac{d\theta}{dt} = \omega$ の関係を積分して，次式のように求められる．

$$\int_{\theta_0}^{\theta(t)} d\theta = \frac{2F}{Ma}\int_0^t t\,dt, \quad \theta(t) = \theta_0 + \frac{F}{Ma}t^2 \tag{2.88}$$

式 (2.88) より，角度は時間の 2 乗で増加することがわかる．これは，等加速度運動する物体の位置が，時間の 2 乗に比例して増加することに対応している．

このように，様々な力に対して物体の運動を解いたと同じように，様々な力のモーメントに対して，剛体の回転運動を解くことができる．

剛体に加えられる力の合力と力のモーメントの和が両方とも0でない場合は，剛体の重心の運動については物体の運動と同じように解くことができ，回転運動については，式 (2.77) を解いて解が求められる．ただし，並進運動の座標値と回転運動の角度との間に関連があり，組み合わせて解くことになる．

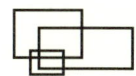

# 章末問題

**2.1** 静止していた物体が直線上 90 m を 10 s で移動した．動き出してから 2.0 秒間は等加速度直線運動をして，それ以後，等速直線運動であるとする．

(1) 動き出してから 2.0 秒間の加速度の大きさ $a$ を求めよ．

(2) 100 m 地点での速さを求めよ．

(3) 物体の質量を 70 kg として，加速度中の物体が受けていた力の大きさを求めよ．

$$\left(答：(1)\, 5.0\,\mathrm{m/s^2} \quad (2)\, 10\,\mathrm{m/s} \quad (3)\, 3.5\times 10^2\,\mathrm{N}\right)$$

**2.2** 長さ $l$ の糸の一端を固定し，他端に質量 $m$ のおもりをつけて水平面内で等速円運動をさせる．鉛直線と糸のなす角が $\theta$ のとき，向心力の大きさ $F$ と角速度 $\omega$ を求めよ．

$$\left(答：F=mg\tan\theta,\ \omega=\sqrt{\frac{g}{l\cos\theta}}\right)$$

**2.3** 地上 $h$ の高さに的がある．そこから水平距離 $l$ 離れた地上の地点から初速度 $v_0$ でボールを投げて，この的に命中させたい．投げ上げる角度 $\theta$ を次の要領で求めよ．ただし，重力加速度の大きさを $g$ とする．

(1) 的に当たるまでの時間を $t$ とし，この間に進んだ距離 $l$ を $t$ で表すとどうなるか．

(2) 上間と同様にして，$h$ を $t$ で表すとどうなるか．

(3) 上の2式から $t$ を消去して，$\tan\theta$ を求めよ．

$$\left(\begin{array}{l}答：\quad (1)\, l=v_0\cos\theta\, t \quad (2)\, h=v_0\sin\theta\, t-\dfrac{t^2}{2}g \\ \qquad (3)\, \tan\theta=\dfrac{v_0^2}{gl}\left[1\pm\left(1-\dfrac{2gh}{v_0^2}-\dfrac{g^2 l^2}{v_0^4}\right)^{\frac{1}{2}}\right]\end{array}\right)$$

**2.4** 質量 $M$，自転周期 $T$ の惑星の周りを円運動している衛星が，赤道上の一点の上にいつまでもいる．この衛星の速さ $v$，惑星の中心からの距離 $R$ を求めよ．ただし，万有引力定数を $G$ とする．

$$\left(答：v=\left(\frac{2\pi GM}{T}\right)^{\frac{1}{3}},\ \left(\frac{GMT^2}{4\pi^2}\right)^{\frac{1}{3}}\right)$$

**2.5** $x$-$y$ 平面上を $+y$ 方向に速さ $2\,\mathrm{m/s}$ で進んできた質量 $3\,\mathrm{kg}$ の物体と $+x$ 方向に $3\,\mathrm{m/s}$ で進んできた質量 $2\,\mathrm{kg}$ の物体が衝突し，一体となって進んだ．その後，再び $2$ つに分裂し飛び去った．運動量が保存するとして，以下の各問に答えよ．

(1) 一体となった後の物体の速度を求めよ．

(2) 分裂後の $1$ つは質量 $1\,\mathrm{kg}$ で，その場に静止した．もう一方の物体の速度を求めよ．

$$\left(\text{答}: (1)\ (1,1)\ \text{方向に}\ \frac{6\sqrt{2}}{5} \quad (2)\ (1,1)\ \text{方向に}\ \frac{3\sqrt{2}}{2}\right)$$

**2.6** 質量 $m_A$ の物体が右向きに，質量 $m_B = 2m_A$ の物体が左向きに，一直線上を速さ $v_0$ で移動し衝突した．

(1) はねかえり係数が $e = 0$ のとき，衝突後の $2$ つの物体の速さ $v_A$, $v_B$ を求めよ．

(2) はねかえり係数が $e = 1$ のとき，衝突後の $2$ つの物体の速さ $v_A$, $v_B$ を求めよ．

$$\left(\text{答}:\quad (1)\ v_A = -\frac{1}{3}v_0,\quad v_B = -\frac{1}{3}v_0 \atop (2)\ v_A = -\frac{5}{3}v_0,\quad v_B = \frac{1}{3}v_0 \right)$$

**2.7** 質量 $m$，長さ $L$ の棒の回転運動を考える．

(1) 片方の端を通り，棒に垂直な軸を回転軸とした場合の慣性モーメント $I$ を求めよ．

(2) $m = 3\,\mathrm{kg}$, $L = 0.5\,\mathrm{m}$ とする．静止していた棒に対して，回転軸とは反対側の端に，棒と回転軸の両方に垂直な向きに $20\,\mathrm{N}$ の力が $1\,\mathrm{s}$ 間加わった．このときの端点の速さ $v$ を求めよ．

(3) 棒の中心を通り，棒に垂直な軸を回転軸とした場合の慣性モーメント $I$ を求めよ．

(4) $m = 3\,\mathrm{kg}$, $L = 0.5\,\mathrm{m}$ とする．静止していた棒に対して，棒の端点に，棒と回転軸の両方に垂直な向きに $20\,\mathrm{N}$ の力が $1\,\mathrm{s}$ 間加わった．このときの端点の速さ $v$ を求めよ．

$$\left(\text{答}: (1)\ I = \frac{1}{3}mL^2 \quad (2)\ v = 20\,\mathrm{m/s} \quad (3)\ \frac{1}{12}mL^2 \quad (4)\ v = 20\,\mathrm{m/s}\right)$$

# 第3章 エネルギー

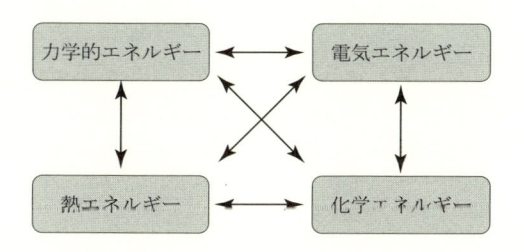

## 3.1 いろいろなエネルギー

**いろいろなエネルギー**

この章では，これまでの物理学の教科書では，力学，熱学，電磁気学の項で別々に取り上げられていたエネルギーについて，相互関係がわかりやすいように，まとめて説明してある．この章で取り上げるエネルギーは，図3.1に示す4つの代表的なものであり，これらがどのように変換されるかについて，基礎的な事項を説明する．

図 **3.1** いろいろなエネルギー

　この章で学んで欲しいことは，エネルギーをどのように変換しても，総量は不変であるということと，エネルギーが変換されるときの決まったルールがあることである．熱を利用して仕事を行う熱機関の場合，効率には最大値があり，それは温度で決まる．化学エネルギーを熱として取り出すとき，エンタルピー変化が発熱量に対応する．また，化学エネルギーを直接電気に変える燃料電池では，取り出される電気エネルギーはギブスの自由エネルギーの変化で決まる，といったことである．

## 3.2 仕事と力学的エネルギー

**仕事**

物体に一定の大きさの力 $F$〔N〕を及ぼし，力の方向に距離 $s$〔m〕動かしたとき，力は物体に仕事 $W = Fs$〔J〕の仕事をしたという．ここで，単位は N·m = J（ジュール）である．

図 3.2 のように，力 $F$ と角 $\theta$ をなす $x$ 方向に物体を距離 $s$ だけ動かす場合，移動の方向に対する力の成分は $F_x = F\cos\theta$ なので，この力のした仕事はスカラー積を用いて，次式のように書くことができる．

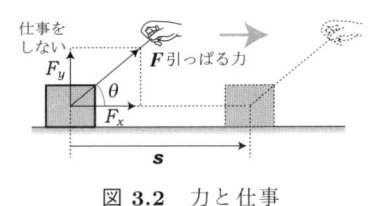

**図 3.2** 力と仕事

$$W = F_x s = (F\cos\theta)s = Fs\cos\theta = \boldsymbol{F}\cdot\boldsymbol{s} \tag{3.1}$$

すなわち，一般には，式 (3.1) のように，**仕事は力と変位のスカラー積で与えられる**．

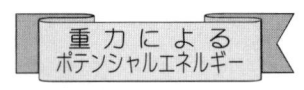

**重力によるポテンシャルエネルギー**

仕事をする能力がある物体や状態などは，エネルギーをもっていると表現する．地上にある質量 $m$ の物体は，鉛直下向きに大きさ $mg$ の重力がはたらいているので，仕事をする能力があり，エネルギーをもっている．

図 3.3 のように，基準の水平面から高さ $h$ のところにある質量 $m$ の物体にはたらく重力は，物体に作用しながら基準面に下がるまでに，$mg \times h$ の仕事をすることができる．つまり，重力により，高さ $h$ にある物体は，これだけのエネルギーをもっているといえる．

このような，高さ $h$ という位置によってエネルギー量が決まるとき，そのエネルギーのことを**ポテンシャルエネルギー**あるいは**位置エネルギー**とよぶ．

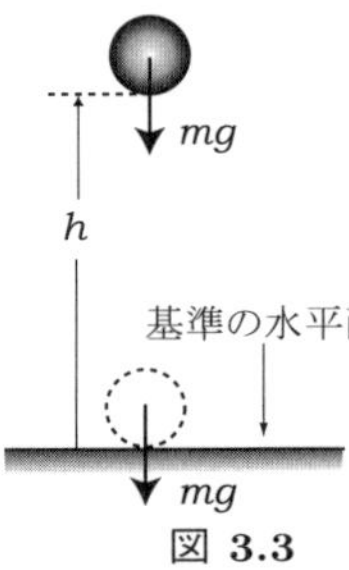

特に仕事をする力が重力の場合，重力によるポテンシャルエネルギーといい，エネルギー $U$ は，次式で与えられる．

**図 3.3** 位置エネルギー

$$U = mgh \tag{3.2}$$

## 3.2 仕事と力学的エネルギー

**問い** 質量 100 g のボールが地面から高さ 2.0 m の位置にあるとき、このボールは地面に対してどれだけエネルギーが高いか。ただし、重力加速度の大きさを 9.8 m/s$^2$ とする。 (答: 2.0 J)

**弾性体のポテンシャルエネルギー**

つるまきばねを自然長から $x$ だけ伸ばすと、伸び $x$ に比例した大きさの縮もうとする力がはたらく。比例定数を $k$ とおけば、力の大きさ $F$ は

$$F = -kx \tag{3.3}$$

と書ける。マイナス符号は力 $F$ の向きが、伸び $x$ とは反対を向いていることを示している。このとき $k$ を**ばね定数**とよび、式 (3.3) のように、力の大きさが変位に比例するような関係を**フックの法則**という。

伸びたばねには縮もうとする力が生じるため、自然長 $x = 0$ になるまで仕事をする能力がある。このときにもつエネルギーを**弾性エネルギー**とよぶ。ただ、重力によるポテンシャルエネルギーのときと異なり、はたらく力は一定ではなく、ばねの伸び $x$ に応じて大きさ $kx$ の力が生じている。

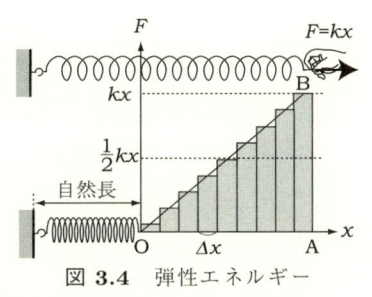

**図 3.4** 弾性エネルギー

このように位置によって力の大きさが変化するような場合には、仕事の大きさを次のように考えて計算することになる。ある位置 $x$ から、力の変化が無視できる程度の短い距離 $\Delta x$ だけばねが縮むときに、大きさ $kx$ のこの力のなす仕事 $\Delta W$ は $\Delta W = F\Delta x = kx\Delta x$ である。これは、図 3.4 で、$x$ の位置にある底辺の幅 $\Delta x$ の長方形の面積に相当する。これを、ばねが伸びた位置 A から自然長 O に至るまで繰り返せば、トータルの仕事 $W$ は、図 3.4 の長方形の面積をすべて加えた和となる。$\Delta x$ をどんどん小さくしていく ($\Delta x \to 0$) と、この和は三角形 OAB の面積に近づいていく。これはちょうど、$kx$ を $x$ で積分することに対応する。

任意の長さの伸び $x$ までばねを伸ばしたとき、この面積すなわち $W$ は

$$W = \int_0^x kx\, dx = \frac{1}{2}kx^2 \tag{3.4}$$

となる．これが長さ$x$だけ伸びたばねが，自然長に戻るまでに行うことができる仕事の量なので，弾性エネルギー$U$は次式のようになる．

$$U = \frac{1}{2}kx^2 \tag{3.5}$$

---
**例題 3.1**

距離$r$だけ離れた，質量が$M$と$m$の質点同士は，$F = G\dfrac{mM}{r^2}$で表される大きさの万有引力を及ぼし合っている．ただし，$G$は万有引力定数である．この2つの質点が無限に遠い位置から距離$r$まで近づく間に，万有引力がする仕事の大きさ$W$はいくらか．

---

**解** 力の向きは互いに近づく方向なので，$r$の負の向きとして表される．よって，

$$W = -\int_{\infty}^{r} G\frac{mM}{r^2}dr = G\frac{mM}{r} \tag{3.6}$$

となる．

**万有引力によるポテンシャルエネルギー**

無限遠から，互いの距離が$r$になるまでに万有引力が行う仕事の大きさが，式(3.6)で与えられている．近づけるのに仕事をするということは，離れていた方がエネルギーが高い状態にあることを意味する．引力が作用しているときは，常にこういった状況となる．そのときに，無限に離れた状態のエネルギーを0として，近づいたときに負のエネルギー状態になると約束する．すると，式(3.6)から，$r$の距離にある2つの質点のポテンシャルエネルギー$U$は

$$U = -G\frac{mM}{r} \tag{3.7}$$

となる．仕事をする力が万有引力なので，式(3.7)で表されるポテンシャルを万有引力によるポテンシャルエネルギーとよぶ．

**問い** 第6章で学ぶクーロンの法則によれば，正の電荷$Ze$をもつ原子核と，負の電荷$-e$電子との間には，強さ$k\dfrac{Ze^2}{r^2}$の引力がはたらく．$k$はある定数である．このとき，距離$r$だけ離れた状態にある原子核と電子のポテンシャルエネルギー$U$はいくらか． $\left(\text{答: } U = -k\dfrac{Ze^2}{r}\right)$

## 3.2 仕事と力学的エネルギー

**仕事と運動エネルギー**

質量 $m$ の物体が一定の力 $\boldsymbol{F}$ を受けて，摩擦のない水平面上を $x$ 方向に距離 $s$ だけ移動したとする．水平方向の運動なので，重力によるポテンシャルエネルギーに変化はない．時刻 $t=0$ における位置を $x=0$，速さを $v_x=0$ とし，任意の時刻 $t$ における位置を $x=s$，速さを $v(t)$ とする．

この間に物体に作用していた力 $\boldsymbol{F}$ の行った仕事 $W$ を考えてみる．力の向きと移動方向が同じであるとして，仕事を積分表示すれば，$W = \int_0^s F\,dx$ となる．力がはたらいている物体の運動は，運動方程式 $m\dfrac{dv}{dt} = F$ で記述できる．これを利用すれば，次のように仕事の量を求めることができる．

$$\begin{aligned} W &= \int_0^s F\,dx = \int_0^s m\frac{dv}{dt}dx \\ &= \int_0^v m\frac{dx}{dt}dv = \int_0^v mv\,dv = \frac{1}{2}mv^2 \end{aligned} \quad (3.8)$$

2段目にいくところで，積分変数が $x \to v$ となったので，積分範囲が変ったことに注意が必要である．静止していた状態に対して，式 (3.8) で与えられるだけの仕事を行った結果，速さ $v$ の状態になったので，速さ $v$ で運動する物体は静止状態より $\dfrac{1}{2}mv^2$ だけエネルギーが高い状態にあることになる．このエネルギーを**運動エネルギー**とよぶ．

**問い** 質量が 1.0 t の乗用車が時速 80 km で走っているときの運動エネルギーはいくらか． (答：$2.5 \times 10^5$ J)

**力学的エネルギーの保存**

鉛直上向きに運動する質量 $m$ の物体を考える．$x$ 軸を鉛直上方に取れば，物体にはたらく重力は下向きに $mg$ なので，運動方程式は次式となる．

$$m\frac{dv}{dt} = -mg \quad (3.9)$$

式 (3.9) の両辺に $dx$ をかけて，$x=x_0$ から $x=x_1$ まで積分するとすれば，次式となる．

$$\int_{x_0}^{x_1} m\frac{dv}{dt}dx = \int_{x_0}^{x_1}(-mg)dx \quad (3.10)$$

式 (3.10) の左辺で，$\dfrac{dv}{dt}dx = \dfrac{dx}{dt}dv$ として変数を組み替え，$x=x_0$ での速さを $v_0$，$x=x_1$ での速さを $v_1$ とする．これより，積分範囲の変化に注意して計算す

れば，次式が得られる．

$$\frac{1}{2}mv_1^2 - \frac{1}{2}mv_0^2 = -mgx_1 + mgx_0 \tag{3.11}$$

式 (3.11) から，添字 0 の項を右辺に，添字 1 の項を左辺に集めれば，次式が得られる．

$$\frac{1}{2}mv_1^2 + mgx_1 = \frac{1}{2}mv_0^2 + mgx_0 \tag{3.12}$$

式 (3.12) より，運動エネルギー $\frac{1}{2}mv^2$ に重力によるポテンシャルエネルギー $mgx$ を加えたものは変化しないことがわかる．

ここでは重力によるポテンシャルエネルギーを考えたが，一般のポテンシャルエネルギーについても拡張することができる．そして，一般に運動エネルギーとポテンシャルエネルギーの和を**力学的エネルギー**とよび，これが一定であることを**力学的エネルギー保存の法則**という．

---

**例題 3.2**

フックの法則で表されるような力（$F = -kx$）がはたらく運動を考える．このとき，式 (3.12) に対応する力学的エネルギー保存の関係式を導くとどうなるか．

---

**解** 運動方程式は

$$m\frac{dv}{dt} = -kx$$

で表されるので，式 (3.9) から式 (3.12) までと同様の計算を，$mg$ を $kx$ におきかえて行なえば，次式が得られる．

$$\frac{1}{2}mv_1^2 + \frac{1}{2}kx_1^2 = \frac{1}{2}mv_0^2 + \frac{1}{2}kx_0^2$$

## 3.3 力学的エネルギーと熱エネルギー

**摩擦力と摩擦係数**

図 3.2 では，滑らかな水平面上を動く物体を考えた．しかし，現実には**摩擦**が存在し，物体を動かそうとすれば必ず抵抗がある．摩擦のある面を粗い面とよぶ．図 3.5 では，粗い面上を物体が運動する様子を表している．

## 3.3 力学的エネルギーと熱エネルギー

物体の質量を $m$ とすると，鉛直下方に重力 $mg$ がはたらく．水平面は物体を支えるように，鉛直上向きに**垂直抗力**を及ぼす．鉛直方向に物体は運動しないので，重力と垂直抗力はつり合いの関係となり $F_n = mg$ である．水平方向に力 $F$ を加えて引こうとすると，**摩擦力 $F_r$** が $F$ と反対向きに生じて，小さい力では物体は動かない．摩擦力は，物体と水平面が強く接触しているほど大きくなり，接触の度合いは垂直抗力の大きさで決まる．やがて引く力を大きくすれば，あるとき物体は動き出す．動き出す直前の摩擦力の大きさは，垂直抗力の大きさに比例することがわかっており

$$F_r = \mu F_n \tag{3.13}$$

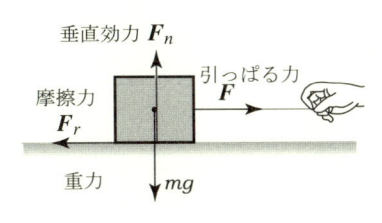

図 3.5 摩擦

と書ける．比例定数 $\mu$ は，**静止摩擦係数**とよばれ，動き出す直前の摩擦力を**最大静止摩擦力**という．最大静止摩擦力に達するまでは，摩擦力は加えた力とつり合いを保っている．

物体は動き出した後も，面との間に摩擦が生じる．動いているときの摩擦力を**動摩擦力**とよび，その大きさは垂直抗力に比例し，比例定数 $\mu'$ を**動摩擦係数**という．一般に，静止摩擦に比べ動摩擦の方が小さいので，$\mu > \mu'$ の関係がある．

**摩擦と熱**

図 3.5 において，物体を面に沿って一定の大きさの力 $F$ で距離 $s$ だけ移動すると，引っ張る力は $W = Fs$ の仕事をする．式 (3.8) は，摩擦がない場合，仕事はすべて運動エネルギーに変わることを示している．しかし，摩擦があると，摩擦力が仕事 $W_r = -F_r s$ をすることになり，$W_r$ の分だけエネルギーを奪うことになる．マイナス符号は，力の向きと移動方向が逆なため，スカラー積を取るときに現れる．

引く力が行った仕事，すなわち加えたエネルギーに対して，摩擦力が奪うエネルギーは熱になり，この熱は**摩擦熱**とよばれている．このことを，摩擦によって仕事が**熱エネルギー**に変換されたという．

このあとの気体分子運動論で詳しく説明するが，熱エネルギーとは，物体を構成する分子や原子のもつミクロな力学的エネルギーのことをいう．また，摩擦力とは，ミクロに眺めると，物体と面を構成する原子や分子の間にはたらく電気的な力のことである．この電気的な力により，物体内部の原子や分子が揺り動かされ，運動エネルギーを獲得した状態が，摩擦熱の発生を表している．

力学的エネルギーが熱エネルギーに変換する別の例として，非弾性衝突がある．物体同士の衝突をミクロに見れば，内部の原子や分子の間に電気的な力が作用し，ここでも原子や分子がミクロな運動エネルギーを獲得する．物体全体の運動エネルギーは，重心の運動エネルギーを指すので，個々の原子や分子のミクロな運動エネルギーとなったエネルギー分だけ，物体全体のエネルギーから見れば，力学的エネルギーが減少したようになる．これが，衝突によって力学的エネルギーが失われる非弾性衝突である．

こうして物体が得た熱エネルギーは，やがて周りにある気体分子との衝突を通してエネルギーを渡し，熱エネルギーは周りへと拡散していくことになる．

## 3.4　気体分子運動論

**気体の性質**

気体を容器内に閉じ込めると，気体分子は容器の壁面に衝突を繰り返しながら，勝手に飛び回っている．気体分子が衝突する際に壁面に及ぼす力を，単位面積当りの量で表したものを気体の**圧力**とよぶ．$1\,\mathrm{m}^2$ の面に $1\,\mathrm{N}$ の大きさの力が及ぼされたときの圧力を $1\,\mathrm{Pa}$（パスカル）と定義している．

気体は固有の形をもたず，体積をある程度自由に変えることができる．容積を変えられる容器内に閉じ込めた気体の体積 $V$ と圧力 $P$ の間には，温度を一定にした場合，反比例の関係があることがわかっている．つまり，

$$PV = 一定 \tag{3.14}$$

である．これを**ボイルの法則**とよぶ．

体積が自由に変化できる容器内の気体の温度 $t\,[°\mathrm{C}]$ を変化させると，その温度での体積 $V_t\,[\mathrm{m}^3]$ と $t$ の間には，次のような関係があることがわかっている．

## 3.4 気体分子運動論

$$V_t = V_0 + \frac{V_0}{273}t \tag{3.15}$$

ただし，$V_0$ は $0°\mathrm{C}$ のときの気体の体積である．この関係を**シャルルの法則**とよぶ．

> **問い** $20\,\mathrm{m}^3$ の気体の温度が $27°\mathrm{C}$ であった．圧力を一定に保ったまま，温度を $54°\mathrm{C}$ に上昇させたときの体積はいくらになるか．(答: $22\,\mathrm{m}^3$)

式 (3.15) は，$V_t$ の添字 $t$ を省いてグラフにすると図 3.6 のようになる．気体の種類や圧力の大きさによりグラフの傾き異なるが，負の温度の方へ外挿すると，$t = -273°\mathrm{C}$, $V = 0$ でこれらの直線がすべて交わる．体積が負になることはないので，このことは気体によらず温度には下限が存在することを意味している．そこで，$t = 0°\mathrm{C}$ の原点をずらし，$-273°\mathrm{C}$ とする座標軸を新たに設けることにする．この新しい温度のことを**絶対温度** $T$ とよぶ．すなわち，$T = t + 273$ である．絶対温度の単位は〔K〕(ケルビン) である．この新しい温度を用いると，シャルルの法則は

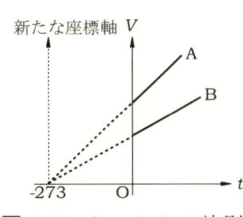

**図 3.6** シャルルの法則

$$\frac{V}{T} = 一定 \tag{3.16}$$

と表現し直すことができる．

式 (3.14) と式 (3.16) を組み合わせると，次式を得る．

$$\frac{PV}{T} = 一定 \tag{3.17}$$

これを**ボイル・シャルルの法則**とよぶ．

> **問い** 圧力 $1.0 \times 10^5\,\mathrm{Pa}$, 体積 $10\,\mathrm{m}^3$, 温度 $27°\mathrm{C}$ の気体を $0°\mathrm{C}$, $15\,\mathrm{m}^3$ にしたときの圧力はいくらか． (答: $6.1 \times 10^4\,\mathrm{Pa}$)

### 理想気体の状態方程式

原子や分子などの粒子を $6.02 \times 10^{23}$ 個集めた物質量を $1\,\mathrm{mol}$ (モル) とよぶ．また，$1\,\mathrm{mol}$ の物質内の粒子数を**アボガドロ数** $N_A$ とよぶ．原子や分子の質量を $m$ とすれば，原子量あるいは分子量 $M$ とは，$mN_A = M \times 10^{-3}\,\mathrm{kg/mol}$ の関係がある．

ボイル・シャルルの法則に正確にしたがう気体のことを**理想気体**とよぶ．実際の気体では，低温や高圧の場合，ボイル・シャルルの法則からはずれてくる．これは分子間力の影響があるからで，このような気体を**実在気体**とよぶ．

理想気体では，式 (3.17) が成り立つ．特に，気体 1 mol のときのボイル・シャルルの法則における定数を**気体定数** $R$ とよび，$R = 8.31\,\mathrm{J/mol \cdot K}$ である．また，分子 1 個あたりの気体定数，すなわち気体定数 $R$ をアボガドロ数 $N_A$ で割った値を $k$ で表し，**ボルツマン定数**という．

$$k = \frac{R}{N_A} = 1.38 \times 10^{-23}\,\mathrm{J/K} \tag{3.18}$$

$n$〔mol〕のときには，体積が $n$ 倍されるので式 (3.17) は，次式のようになる．

$$\frac{PV}{T} = nR, \quad \text{あるいは} \quad PV = nRT \tag{3.19}$$

式 (3.19) は，理想気体では厳密に成り立つ関係式で，**理想気体の状態方程式**とよばれる．

### 分子運動と圧力

状態方程式に現れる圧力 $P$，体積 $V$，温度 $T$ は，気体分子の集団によって決まるマクロな量である．これらの量が，個々の気体分子のミクロな運動と，どのように結びついているかを考えてみる．

図 3.7 のように，1 辺の長さ $L$ の立方体の容器の中に，単原子分子理想気体を密閉する．容器に閉じ込められた気体の分子は，自由に飛び回って，容器の壁と弾性衝突を繰り返す．質量 $m$ の分子の，$x$ 方向の運動に着目する．壁とは弾性衝突をすることから，壁に垂直に速度 $v_x$ で壁 B に衝突した分子は，逆向きに速度 $-v_x$ で跳ね返る．衝突による分子の運動量の変化は，次式となる．

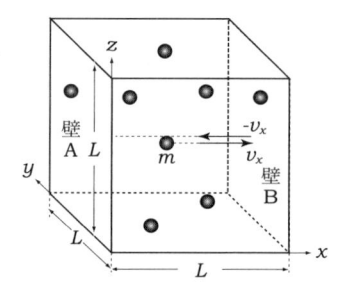

図 **3.7** 気体の分子運動

$$-mv_x - mv_x = -2mv_x \tag{3.20}$$

運動量の変化は力積に等しいので，気体分子は $-x$ 方向にこれだけの力積を壁から受けたことになり，作用反作用の法則によって，分子は 1 回の衝突で $+x$ 方向に $2mv_x$ の力積を壁に与えたことになる．

## 3.4 気体分子運動論

分子が壁Bと衝突してから，反対の壁Aと衝突して，再び壁Bと衝突するまでの時間は $\frac{2L}{v_x}$ である．したがって，時間 $t$ の間には，分子は壁Bと，$\frac{v_x t}{2L}$ 回だけ衝突する．このことから，1個の分子が時間 $t$ の間に壁Bに及ぼす力積は，次式となる．

$$2mv_x \times \frac{v_x t}{2L} = \frac{mv_x^2}{L}t \tag{3.21}$$

容器の中の分子の総数を $N$ とする．これらの分子の速さ $v_i$ (ただし，$i = 1, \cdots, N$ とする) は，一般に違った値をもつ．1個の分子は，式 (3.21) で与えられる力積を壁に与えるが，$N$ 個の粒子が時間 $t$ の間に壁に与える力積の総量 $Ft$ は，$v_x^2$ の平均値 $\langle v_x^2 \rangle$ を用いると，次式となる．

$$Ft = N\frac{m\langle v_x^2 \rangle}{L}t \tag{3.22}$$

両辺を $t$ で割れば，壁が気体から及ぼされる力 $F$ が求まる．

気体が壁に及ぼす圧力 $P$ は，壁Bの面積 $L^2$ で $F$ を割れば求まり，次式となる．

$$P = \frac{F}{L^2} = N\frac{m\langle v_x^2 \rangle}{L^3} = N\frac{m\langle v_x^2 \rangle}{V} \tag{3.23}$$

ここで，気体の体積 $V = L^3$ を用いた．

ここまで取り扱った $v_x$ は，速度ベクトル $\boldsymbol{v} = (v_x, v_y, v_z)$ の $x$ 成分である．速度 $\boldsymbol{v}$ の大きさの2乗は，

$$\boldsymbol{v}^2 = v_x^2 + v_y^2 + v_z^2 \tag{3.24}$$

である．分子の運動方向はランダム (乱雑) であり，どの方向にも同じように運動しているとしてよく，各成分の平均値は等しくなる．よって，$\langle v_x^2 \rangle = \langle v_y^2 \rangle = \langle v_z^2 \rangle$ である．したがって，次式が得られる．

$$\langle v_x^2 \rangle = \langle v_y^2 \rangle = \langle v_z^2 \rangle = \frac{1}{3}\langle v^2 \rangle \tag{3.25}$$

式 (3.25) を式 (3.23) に代入すれば，次の圧力の式が得られる．

$$P = \frac{2}{3}\frac{N}{V} \cdot \frac{1}{2}m\langle v^2 \rangle \tag{3.26}$$

この式は，気体の圧力は単位体積当たりの分子数 $\frac{N}{V}$ と，平均の運動エネルギー $\frac{1}{2}m\langle v^2 \rangle$ の積で決まることを示している．

> **問い** 気体分子の速さは，$\sqrt{\langle v^2 \rangle}$ がその目安を与える．式 (3.26) より，酸素分子の $0°C$，$1\,\mathrm{atm}$ ($=1.013 \times 10^5\,\mathrm{Pa}$) における速さはいくらになるか．ただし，酸素気体の密度を $1.4\,\mathrm{kg/m^3}$ とする．(答：$4.7 \times 10^2\,\mathrm{m/s}$)

**分子運動と絶対温度**　分子の個数 $N$，アボガドロ数 $N_A$，モル数 $n$ の間には $n = \dfrac{N}{N_A}$ の関係がある．これを利用すると，式 (3.26) は次式のように書ける．

$$PV = nN_A \frac{2}{3} \cdot \frac{1}{2} m \langle v^2 \rangle \tag{3.27}$$

式 (3.19) を，気体定数 $R$ の代りにボルツマン定数 $k$ を用いて記すと，

$$PV = nN_A kT \tag{3.28}$$

である．気体分子は式 (3.28) の関係を満たすので，式 (3.27) の $PV$ に代入して，

$$\frac{1}{2} m \langle v^2 \rangle = \frac{3}{2} kT \tag{3.29}$$

となる．この式は，気体分子の平均運動エネルギーが温度に比例して与えられること，また逆に，**気体の温度はその分子の平均の運動エネルギーで決まる**ことを示している．

分子の運動は，$x, y, z$ の 3 方向に自由に動けるので，**運動の自由度**が 3 であるという．さらに，式 (3.29) は

$$\frac{1}{2} m \langle v_x^2 \rangle = \frac{1}{2} m \langle v_y^2 \rangle = \frac{1}{2} m \langle v_z^2 \rangle = \frac{1}{2} kT \tag{3.30}$$

と見なせるので，各自由度当りに $\dfrac{1}{2}kT$ の平均 (運動) エネルギーが分配されている解釈できる．これを**エネルギー等分配の法則**とよぶ．

> **問い** ある理想気体 $1\,\mathrm{mol}$ の温度が $300\,\mathrm{K}$ であった．この気体分子のもつ全運動エネルギーはいくらか．(答：$3.74 \times 10^3\,\mathrm{J}$)

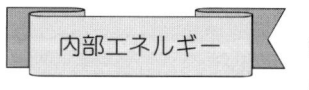

**内部エネルギー**　物体の力学的エネルギーは，その物体の重心の運動が反映される．つまり，物体自体が静止している場合，運動エネルギーは 0 となる．しかし，物体を構成している原子や分子は乱雑な運動をしており，そのレベルで見れば，

## 3.4 気体分子運動論

運動エネルギーをもっていることになる．このように，ミクロな立場で眺めたときの，物体内部で原子や分子のもつ力学的エネルギーの総和のことを**内部エネルギー**とよぶ．

理想気体の場合は，分子間力を無視しているため，ポテンシャルエネルギーは 0 である．したがって，内部エネルギー $U$ は各分子の運動エネルギーの総和で与えられる．式 (3.29) より，理想気体 $n$ [mol] の内部エネルギーは，次式で与えられる．

$$U = nN_A \frac{1}{2}m\langle v^2 \rangle = \frac{3}{2}nN_A kT = \frac{3}{2}nRT \tag{3.31}$$

式 (3.31) は，もともとヘリウムやアルゴンのような原子 1 つで構成される**単原子分子理想気体**を対象に導出されている．しかし，酸素や窒素など 2 原子分子では，並進の自由度以外に，回転の自由度をもっている．2 原子分子の回転の自由度は 2 であり，エネルギー等分配の法則から，1 分子当り $\frac{1}{2}kT \times 2$ のエネルギーが，単原子分子のときより余計に加わるため，2 原子分子理想気体の内部エネルギーは次式となる．

$$U = \frac{3}{2}nRT + \frac{2}{2}nRT = \frac{5}{2}nRT \tag{3.32}$$

**熱力学の第一法則**

気体に熱を加えると，温度が上昇する．温度の上昇は，式 (3.31) より，ミクロに見れば気体分子の運動エネルギーの増加に対応し，内部エネルギーが増すことになる．

気体を圧縮すると，加えた力は気体に対して仕事をしたことになる．仕事をされても，気体全体の重心が静止したままなら，マクロな力学的エネルギーは増加せず，なされた仕事は気体の内部エネルギーになる．

このことから，物体に加えた熱量を $\Delta Q$，物体に対して行った仕事を $\Delta W$，内部エネルギーの増加を $\Delta U$ とすれば，次のエネルギー保存の関係が成り立つ．

$$\Delta U = \Delta Q + \Delta W \tag{3.33}$$

これを**熱力学の第一法則**という．

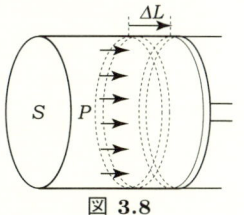

**図 3.8**
気体の体積変化と仕事

図 3.8 のように，気体を底面積 $S$ のピストン・シリンダーの中に閉じ込める．気体の圧力を $P$ とすると，気体はピストン面に $F = PS$ の力を及ぼしている．このピストンが，$\Delta L$ だけ気体の体積が増加する方向に動くと，気体は外に対して $F\Delta L$ だけ仕事をしたことになる．すると，気体に対してなされた仕事 $\Delta W$ は $-F\Delta L$ となり，次式を得る．

$$\Delta W = -F\Delta L = -PS\Delta L = -P\Delta V \tag{3.34}$$

式 (3.33) に，式 (3.34) を代入すると，熱力学の第一法則は次のように表される．

$$\Delta U = \Delta Q - P\Delta V \tag{3.35}$$

**理想気体の比熱**

物質 1g の温度を 1K 上昇させるのに必要な熱量を**比熱**とよぶ．また，物質 1 mol の温度を 1K 上昇させるのに要する熱量を**モル比熱**とよび，体積を一定に保つときには**定積モル比熱** $C_V$，圧力を一定に保つときには**定圧モル比熱** $C_P$ とよぶ．

定積の条件は $\Delta V = 0$ なので，熱力学第一法則から $C_V = \dfrac{\Delta Q}{\Delta T} = \dfrac{\Delta U}{\Delta T}$ である．また，式 (3.31) から，$\Delta U = \dfrac{3}{2}R\Delta T$ （単原子分子）であり，式 (3.32) から，$\Delta U = \dfrac{5}{2}R\Delta T$ （2 原子分子）である．これらの関係から，定積モル比熱は次のようになる．

$$C_V = \frac{3}{2}R \text{ （単原子分子）}, \quad C_V = \frac{5}{2}R \text{ （2 原子分子）} \tag{3.36}$$

理想気体 1 mol の内部エネルギー $U$ は，定積モル比熱 $C_V$ を用いると，次式で表される．

$$U = C_v T \tag{3.37}$$

定圧の条件では，式 (3.19) より，$P\Delta V = R\Delta T$ となる．また，熱力学第一法則より，$C_P = \dfrac{\Delta Q}{\Delta T} = \dfrac{\Delta U + R\Delta T}{\Delta T}$ となる．$\Delta U$ に式 (3.31) および式 (3.32) を代入して，定圧モル比熱は次のようになる．

$$C_P = \frac{5}{2}R \text{ （単原子分子）}, \quad C_P = \frac{7}{2}R \text{ （2 原子分子）} \tag{3.38}$$

## 3.5 熱機関

表 3.1 気体の定積比熱と比熱比

| 物質 | 温度 (°C) | $C_V$ | $\gamma = C_P/C_V$ |
|---|---|---|---|
| He | $-18.0$ | 12.6 | 1.66 |
| Ar | 15 | 12.5 | 1.67 |
| $H_2$ | 0 | 20.3 | 1.410 |
| $O_2$ | 16 | 21.1 | 1.396 |
| $N_2$ | 16 | 20.6 | 1.405 |

$C_P$ と $C_V$ の比の値のことを比熱比といい，$\gamma$ で表す．理想気体の比熱比は，次の値になる．

$$\gamma = \frac{C_P}{C_V} = \frac{5}{3} = 1.67 \ (単原子分子), \gamma = \frac{C_P}{C_V} = \frac{7}{5} = 1.40 \ (2原子分子) \quad (3.39)$$

さらに，$C_V$, $C_P$, $\gamma$ との間には，次のような関係が成り立つ．

$$C_P - C_V = R, \quad \frac{R}{C_V} = \gamma - 1 \quad (3.40)$$

気体の比熱〔J/(mol·K)〕と比熱比の値を表 3.1 に示す．比熱比を測定すれば，気体が単原子分子か 2 原子分子かが分かる．

## 3.5 熱機関

**等温変化と断熱変化**

温度を一定に保ったまま，物質の状態を変えることを**等温変化**という．等温変化では，式 (3.19) より，$P = \dfrac{nRT}{V}$ で，$nRT$ は一定なので，圧力は体積に反比例する．

熱の出入りがないようにして，物質の状態を変えることを**断熱変化**という．断熱変化は，式 (3.33) で $\Delta Q = 0$ なので，$\Delta U = \Delta W$ と表される．式 (3.37) から，$\Delta U = nC_V \Delta T$ であり，また $\Delta W = -P\Delta V$ と状態方程式から圧力 $P$ を消去したものを使うと，次式を得る．

$$nC_V \Delta T = -\frac{nRT}{V}\Delta V \quad (3.41)$$

両辺を $nC_V T$ で割って，$(T_1, V_1)$ から $(T_2, V_2)$ の状態まで積分すると，次式のようになる．

$$\int_{T_1}^{T_2} \frac{dT}{T} = -\frac{R}{C_V} \int_{V_1}^{V_2} \frac{dV}{V}, \quad \ln\left(\frac{T_2}{T_1}\right) = \ln\left(\frac{V_2}{V_1}\right)^{-(\gamma-1)}, \quad \ln\left(\frac{T_1 V_1^{\gamma-1}}{T_2 V_2^{\gamma-1}}\right) = 0 \tag{3.42}$$

この式から $TV^{\gamma-1} =$ 一定 が導かれ，状態方程式を用いて $T$ を消去すると，$P$ と $V$ の関係も導かれ，まとめると次式となる．

$$TV^{\gamma-1} = \text{一定}, \quad PV^{\gamma} = \text{一定} \tag{3.43}$$

式 (3.43) のことを断熱変化における**ポアソンの関係式**という．

> **問い** ピストンつきの容器に封入した 27°C の空気を，断熱的に体積を半分にした．空気の比熱比を 1.4 とすれば，変化後には何 °C になっているか． （答：$1.2 \times 10^2$ °C）

## カルノーサイクル

高温熱源から熱エネルギーを吸収し，その一部を仕事に変えて，残りを低温熱源へ放出する装置を**熱機関**という．摩擦は力学的エネルギーを仕事を通して熱に変えるが，熱機関は熱を仕事に変えることができる．

系が変化を起こしても元の状態に戻るとき，この変化を**サイクル**とよぶ．熱機関が，図 3.9 のようなサイクルを起こす場合を考える．図 3.9 において，a → b は温度 $T_H$ の等温変化，b → c は断熱変化，c → d は温度 $T_L (< T_H)$ の等温変化，d → a は断熱変化であるとする．このような熱機関のことを**カルノーサイクル**とよぶ．

熱機関の効率は，得た熱エネルギーのうちどれだけの割合の仕事をすることができるかで決まる．つまり，**熱機関の効率** $\eta$ は

$$\eta = \frac{\text{外に対して行った仕事}}{\text{高温熱源から得た熱量}} \tag{3.44}$$

で定義される．ここでは，カルノーサイクルの各変化を順に見ていくことにより，効率 $\eta$ を求めてみる．

**図 3.9** カルノーサイクル

## 3.5 熱機関

### ① 等温膨張変化

a → b は，温度 $T_H$ の等温変化である．理想気体の場合，等温変化では内部エネルギーは一定 ($\Delta U = 0$) である．よって，式 (3.33) から $\Delta Q = P\Delta V$ となり，外から得た熱量と外に対して行った仕事の量は等しい．状態方程式を使って $P$ を消去し，積分すると，高温 ($T_H$) の熱源から得た熱量 $Q_H$ と外に対して行った仕事 $W_{ab}$ は，次式で与えられる．

$$Q_H = W_{ab} = \int_{V_a}^{V_b} P\,dV = nRT_H \int_{V_a}^{V_b} \frac{1}{V}dV = nRT_H \ln\left(\frac{V_b}{V_a}\right) \quad (3.45)$$

### ② 断熱変化

b → c は，断熱変化で $\Delta Q = 0$ である．式 (3.33) から $\Delta U = -p\Delta V$ となり，外に対して行った仕事と内部エネルギーの減少量は等しい．内部エネルギーに式 (3.37) を用いると，外に対して行った仕事 $W_{bc}$ は次のように求められる．

$$W_{bc} = \int_{V_b}^{V_c} P\,dV = \int dU = nC_V \int_{T_H}^{T_L} dT = nC_V(T_L - T_H) \quad (3.46)$$

### ③ 等温変化

c → d の等温変化で外から得る熱量 $Q_L$ (負なので，実際には放出する熱量) と外に対して行う仕事 $W_{cd}$ (負なので，実際は外からなされる仕事) は，① の場合と同様に計算して，次式となる．

$$Q_L = W_{cd} = \int_{V_c}^{V_d} P\,dV = nRT_L \ln\left(\frac{V_d}{V_c}\right) \quad (3.47)$$

### ④ 断熱変化

d → a で外に対して行う仕事 $W_{da}$ は，② の場合と同様に計算して，次式となる．

$$W_{da} = \int_{V_d}^{V_a} P\,dV = \int dU = nC_V \int_{T_L}^{T_H} dT = nC_V(T_H - T_L) \quad (3.48)$$

したがって，カルノーサイクルが 1 サイクルで行う仕事は

$$W_{ab} + W_{bc} + W_{cd} + W_{da} = nRT_H \ln\left(\frac{V_b}{V_a}\right) + nRT_L \ln\left(\frac{V_d}{V_c}\right) \quad (3.49)$$

となる．式 (3.49) を式 (3.45) で割れば，効率 $\eta$ は次式となる．

$$\eta = 1 + \frac{T_L}{T_H} \frac{\ln\left(\frac{V_b}{V_a}\right)}{\ln\left(\frac{V_d}{V_c}\right)} \quad (3.50)$$

さらに，b → c および d → a が断熱変化なので，$T_L V_c^{\gamma-1} = T_H V_b^{\gamma-1}$ および $T_L V_d^{\gamma-1} = T_H V_a^{\gamma-1}$ が成り立つ．これらの両辺の比をとると，$\dfrac{V_d}{V_c} = \left(\dfrac{V_b}{V_a}\right)^{-1}$ が導かれる．

これを式 (3.50) に代入すると，カルノーサイクルの効率は次式となる．

$$\eta = 1 - \frac{T_L}{T_H} \tag{3.51}$$

これから，カルノーサイクルの効率は高温の熱源と低温の熱源との温度の比のみで決まり，温度差が大きいほど効率がよいことがわかる．詳細は省略するが，式 (3.50) で与えられる効率が，熱機関で実現できる最高の効率であることが，次の熱力学の第二法則から導かれている．

### 熱力学の第二法則

インクを水に一滴落とすと，インクは拡がっていくが，拡がった後に，自然に一滴の状態に戻ることはない．このように，外界に何の変化も残さずに，元の状態に戻せない変化を**不可逆変化**といい，これとは逆に自然に元の状態に戻れる変化を**可逆変化**とよぶ．この自然界の不可逆性を法則として述べたものが，**熱力学の第二法則**である．

熱力学の第二法則には，いくつかの表現があるが，それらは互いに同等であることが証明されている．以下に，代表的な2つの表現を記す．

① クラジウスの原理

低温の物体から熱を吸収し，その熱のすべてを高温の物体に移すだけで，それ以外に何の変化も残さない変化は起こり得ない．

② トムソンの原理

1つの熱源から熱を吸収し，これをすべて仕事に変換する熱機関は存在しない．

① は，熱は自然に低温の物体から高温の物体へ移動しないことを表している．② の方は少し説明を要する．

例えば，海の水は膨大な熱量をもっており，海を1つの熱源としてこれから熱を吸収し，すべて仕事に換えてスクリューを回せる船があったとする．このときに発生する熱を再び海に戻すことができれば，この船は燃料なしにずっと動く

## 3.5 熱機関

ことが可能である．これを**永久機関**とよぶ．トムソンの原理は，このような永久機関は存在しないことを意味しており，この原理に反するようなものを**第二種の永久機関**とよぶ．

ちなみに，周期的に繰り返される運動で，外からエネルギーの供給を受けずに運動し続けるものを**第一種の永久機関**とよぶ．しかし，これもエネルギーの保存則である熱力学の第一法則に矛盾するため存在しない．

### エントロピー

温度 $T$ の物体に，可逆変化によって熱量 $\Delta Q$ が加えられたとする．物体の温度によっては，同じだけ熱量の移動があっても，その影響力は異なったものとなる．高温物体より，低温物体の方がその熱量は大きな影響を及ぼすはずである．そこで，物体の温度に対する加えられた熱量の割合を $\Delta S$ として

$$\Delta S = \frac{\Delta Q}{T} \tag{3.52}$$

を考える．$\Delta S$ は加えた熱量が物体にどれだけ影響を与えたかの目安である．このとき，物体の**エントロピー** $S$ が $\Delta S$ だけ増加したという．

図 3.10 のように，温度 $T_2$ の高温物体と温度 $T_1$ の低温物体とを熱的に接触させたときに，移動する熱量を $\Delta Q$ とする．このとき，低温物体のエントロピー変化 $\Delta S_1$ および高温物体のエントロピー変化 $\Delta S_2$ は，式 (3.52) より

$$\Delta S_1 = \frac{\Delta Q}{T_1}, \qquad \Delta S_2 = -\frac{\Delta Q}{T_2} \tag{3.53}$$

**図 3.10** 熱の移動とエントロピー

となる．系全体としては，$\Delta S = \Delta S_1 + \Delta S_2$ だけエントロピーが変化している．$T_2 > T_1$ より

$$\Delta S = \Delta Q \left( \frac{1}{T_1} - \frac{1}{T_2} \right) > 0 \tag{3.54}$$

である．高温物体と低温物体を接触させれば，自然に熱が移動し，やがて平衡状態になる．このような自然現象は，式 (3.54) より，エントロピーは増加するように変化すると表すことができる．熱力学の第二法則より，熱の移動は自然には逆にならないので，**系全体としてはエントロピーは常に増大する**ことを意

味している．ただし，$\Delta S_2 < 0$ なので，局所的に見ればエントロピーが減少することもある．

---
**例題 3.3**

理想気体 $n$ [mol] が温度 $T_1$, 体積 $V_1$ から温度 $T_2$, 体積 $V_2$ まで変化したときのエントロピーの変化 $\Delta S$ はいくらか．

---

**解** 式 (3.52) の $\Delta Q$ に対して，式 (3.33), 式 (3.37) を用いると，$\Delta Q = C_V \Delta T + P \Delta V$ となる．式 (3.19) より圧力 $P$ を消去して，温度と体積のそれぞれの変化の足し合わせを，$T$ と $V$ に対する積分に置き換えれば，$\Delta S$ は次のように求まる．

$$\Delta S = nC_V \int_{T_1}^{T_2} \frac{dT}{T} + nR \int_{V_1}^{V_2} \frac{dV}{V} = nC_V \ln \frac{T_2}{T_1} + nR \ln \frac{V_2}{V_1} \qquad (3.55)$$

## 3.6 化学エネルギー

　　　いろいろな内部エネルギー

分子と分子が結合して別の分子に変わる (またはその逆の) **化学反応**はエネルギーの変化を伴う．このような化学変化に伴うエネルギーを，一般に**化学エネルギー**とよぶ．このエネルギーは，主に熱として吸収または放出され，**反応熱**とよばれる．反応熱には，生成熱，燃焼熱，中和熱，溶解熱などがある．

反応熱は，反応に携わる物質が，反応の前後でどれだけエネルギーを変化させるかで決まる．物質のもっている固有のエネルギーは内部エネルギーである．内部エネルギーは，考えている系の中の粒子 (原子や分子) のもっている力学的エネルギーの総和である．具体的には，次のようなものがある．

① 電子の結合エネルギー

各原子は陽子と中性子による原子核と，その周りの電子によって構成されている．電子と原子核がバラバラになっているときと，結合しているときのエネルギー差のことをいう．**イオン化エネルギー**ともいう．

② 原子の結合エネルギー

原子同士が結合することで分子を作る．原子が分離しているときと結合したときのエネルギー差のことをいう．

## 3.6 化学エネルギー

③ **分子の結合エネルギー**

分子同士が結合することで物質を作る．分子が分離しているときと結合したときのエネルギー差のことをいう．

④ **電子の励起エネルギー**

分子の中の電子が，そのエネルギー準位を変えたときのエネルギー差のことをいう．

⑤ **振動エネルギー**

分子の中の原子は，互いに振動することができ，このときの振動による運動エネルギーのことをいう．

⑥ **回転運動エネルギー**

分子全体が回転することによる運動エネルギーのことをいう．

⑦ **並進運動エネルギー**

分子全体が並進することによる運動エネルギーのことをいう．

内部エネルギーのうち，①から④まではポテンシャルエネルギーで，⑤から⑦までは運動エネルギーである．

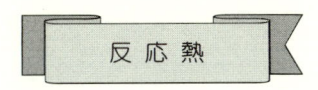

**反応熱**　式(3.33)より，体積一定（定積あるいは**定容**という）の条件 $\Delta V = 0$ では，化学反応に伴い系[11]が得る熱 $\Delta Q$ と内部エネルギー $\Delta U$ との間には，次の関係がある．

$$\Delta Q = \Delta U \qquad (\text{定積}) \tag{3.56}$$

反応によって内部エネルギーが下がる ($\Delta U < 0$) とき，得た熱量 $\Delta Q$ が負となるので，**発熱反応**となる．これと逆に，$\Delta U > 0$ ならば，**吸熱反応**である．

例えば，25°C の気体の水素と酸素が結合して，液体の水となるときの内部エネルギーの変化は，測定により求められており，次の値である．

$$2\mathrm{H}_2(\mathrm{g}) + \mathrm{O}_2(\mathrm{g}) \longrightarrow 2\mathrm{H}_2\mathrm{O}(\mathrm{l}) \qquad (25°\mathrm{C}) \quad \Delta U = -134.86\,\mathrm{kcal} \tag{3.57}$$

ここで，(g) は気体，(l) は液体を表す．$\Delta U$ は負なので，定積の条件では 134.86 kcal の熱が放出される．なお，$1\,\mathrm{kcal} = 10^3\,\mathrm{cal} = 4.186 \times 10^3\,\mathrm{J}$ である．

---

[11] 化学反応では，複数の物質が関係するので**化学反応系**といい，略して系とよぶ．

### 熱量計

体積一定の条件の反応熱の測定は，**熱量計**を用いて行われる．図 3.11 において，反応する物質を密閉した熱量計かんの中に入れ反応させる．これで体積一定の条件が満たされる．熱量計かんは，断熱容器の中に満たした水に浸されており，反応に伴う水の温度の変化から，反応熱を決定する．

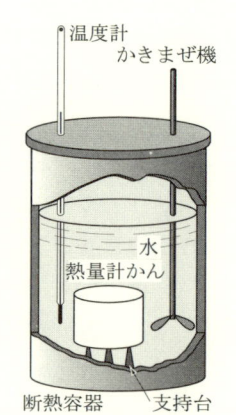

図 3.11 熱量計

### エンタルピー

通常，化学反応は大気圧下で密閉されずに行われるため，定圧 ($\Delta p = 0$) となる．定圧条件は，密閉した容器の代わりに，図 3.12 のように，自由に動く質量の無視できるピストン・シリンダー内の化学反応で実現できる．

ここで，**エンタルピー** $H$ を次式で定義する．

$$H = U + PV \tag{3.58}$$

熱力学第一法則 $\Delta U = \Delta Q - P\Delta V$ に注意して，圧力一定の条件 ($\Delta P = 0$) では，エンタルピーの変化は，次式で与えられる．

$$\Delta H = \Delta U + P\Delta V = \Delta Q - P\Delta V + P\Delta V = \Delta Q \tag{3.59}$$

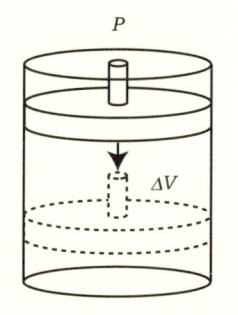

図 3.12 定圧容器

式 (3.59) より，定圧下での反応熱 $\Delta Q$ はエンタルピーの変化で与えられることがわかる．$\Delta Q$ は，系が得た熱量であるから，$\Delta H < 0$ なら発熱反応，$\Delta H > 0$ なら吸熱反応である．

**問い** 式 (3.57) の反応の場合，25°C, 1 気圧 ($1\,\mathrm{atm} = 1.013 \times 10^5\,\mathrm{Pa}$) では，2 mol の気体水素は約 48,000 ml，1 mol の気体酸素は約 24,000 ml であり，これらが反応して生成された液体の水は約 36 ml である．このときのエンタルピー変化 $\Delta H$ はいくらか． (答: $-136.60\,\mathrm{kcal}$)

## 3.6 化学エネルギー

**ギブスの自由エネルギー**

一定温度 $T$，一定圧力 $P$ の環境条件で化学反応する系を考える．全体のエントロピー変化 $\Delta S_t$ は，系のエントロピー変化 $\Delta S$ と環境（外界）のエントロピー変化 $\Delta S_{\text{env}}$ との和で，$\Delta S_t = \Delta S + \Delta S_{\text{env}}$ である．

環境から化学反応をする系に入った熱量を $\Delta Q$ とし，環境は可逆的にこの熱を失ったとすると，環境のエントロピーの変化は $\Delta S_{\text{env}} = -\dfrac{\Delta Q}{T}$ となる．したがって，次式が成り立つ．

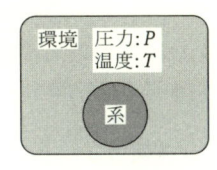

$$\Delta S_t = \Delta S + \Delta S_{\text{env}} = \Delta S - \frac{\Delta Q}{T} \geq 0 \tag{3.60}$$

**図 3.13** 等温・定圧条件

最後の不等号で，熱力学の第二法則をエントロピー増大則として表現した式 (3.54) を用いた．系が可逆的変化をしたときのみ，等号が成り立つ．式 (3.60) で大事な点は，全体のエントロピー変化が，注目している系での量のみで記述されていることである．

> **問い** ふつうに生活している人の発熱量は，1秒間におよそ 100 J である．この人が1時間の間に増加させた外界のエントロピーはいくらか．ただし，外界は 27°C で一定であるものとする．（答：$1.20 \times 10^3$ J/K）

水素と酸素を結合して水を生成するときの化学反応のエネルギーを，熱や動力に変えることなく直接電気エネルギーに変える**燃料電池**では，体積変化 $\Delta V$ を伴わない仕事を行うことになる．系になされる仕事を $\Delta W$，このうち体積変化を伴わないで系になされる仕事を $\Delta W'$ とすると，熱力学第一法則は次式で表される．

$$\Delta U = \Delta Q + \Delta W = \Delta Q - P\Delta V + \Delta W' \tag{3.61}$$

ここで，次式で定義される量を導入する．

$$G = H - TS = U + PV - TS \tag{3.62}$$

この $G$ は，**ギブスの自由エネルギー**とよばれ，系から取り出すことのできる正味のエネルギーを意味する．式 (3.62) より，$\Delta G$ を等温（$\Delta T = 0$），等圧（$\Delta P = 0$）で求めると

$$\Delta G = \Delta H - T\Delta S = \Delta U + P\Delta V - T\Delta S = \Delta W' + \Delta Q - T\Delta S \leq \Delta W' \tag{3.63}$$

となる.ただし,最後の不等号は式 (3.60) を用いている.

系が外に対して行う体積変化を伴わない仕事は $-\Delta W'$ なので,式 (3.63) より

$$-\Delta W' \leq -\Delta G \tag{3.64}$$

となる.式 (3.64) より,化学反応で系が外に対して行い得る体積変化を伴わない仕事は,最大で反応に伴うギブズの自由エネルギーの減少量であるということを示している.

---

**例題 3.4**

$25.000°C(298.15\,K)$,1 気圧のもとで,燃料電池の反応

$$2H_2 + O_2 \longrightarrow 2H_2O$$

を考える.この反応におけるエンタルピーおよびエントロピーの変化は $\Delta H = -571.66\,\text{kJ·mol}^{-1}$,$\Delta S = -0.32668\,\text{kJ·mol}^{-1}$ である.燃料電池が,水 1 mol を生成するときに得られる最大の電気エネルギーはいくらか.

---

**解** 与えられた数値を式 (3.63) に代入する.

$$\Delta G = \Delta H - T\Delta S = [-571.66 - 298.15 \times (-0.32668)]\,\text{kJ·mol}^{-1}$$
$$= -474.26\,\text{kJ·mol}^{-1} \tag{3.65}$$

したがって,水 1 mol はこの半分で,最大 237 kJ の電気エネルギーが取り出し得る.

## 章末問題

**3.1** そりに乗った子供 (全質量は $m$) が高さ $h$ の丘の上からそっと (速さ 0 で) 滑べり降りた.

(1) 高さ 0 の地点の位置エネルギーを 0 とした丘の上での位置エネルギーはいくらか.また,そのときの運動エネルギーはいくらか.

(2) 丘の下まで滑べり降りたときの位置エネルギーと運動エネルギーを求めよ.

(3) エネルギー保存則より,丘の下まで滑べり降りたときの速さを求めよ.

(答: (1) 位置エネルギー;$mgh$,運動エネルギー;0 (2) 位置エネルギー;0,運動エネルギー;$\frac{1}{2}mv^2$ (3) $\sqrt{2gh}$)

章末問題　71

**3.2** 彗星には太陽の周りを回る周期彗星と，一度きりで太陽系を離れていくものがある．彗星の現在位置と速度がわかると，どちらの型の彗星かわかることを説明せよ．

$$\left（\begin{array}{l}\text{答：　彗星の太陽からの距離}r\text{と速さ}v\text{から，力学的エネルギー}\\\quad\quad E=\frac{1}{2}mv^2-GmM/r\text{がわかる．}E>0\text{ならば，無限遠}\\\quad\quad\text{でも運動エネルギーは正なので，彗星は太陽の引力圏を}\\\quad\quad\text{脱出して帰って来ない．また，}E<0\text{ならば，太陽の周り}\\\quad\quad\text{を周回する．}\end{array}\right）$$

**3.3** 滑らかな水平面に置かれたばね定数 $k$ のばねがあり，一端は壁に固定し，他端に質量 $m$ の物体を取り付けた．自然長の位置を原点とし，ばねの伸びる向きを $x$ 軸の正の向きと取る．

(1) 原点にある物体に対して，$x$ 軸の正の方向に初速度 $v_0$ を与えた．このときにもつ物体の運動エネルギーはいくらか．

(2) ばねが伸びて，物体が静止する位置 $l$ はいくらか．

(3) 単振動の運動方程式を解くと，物体の位置は時間とともに次のように変化する．

$$x(t)=v_0\sqrt{\frac{m}{k}}\sin\left(\sqrt{\frac{k}{m}}\cdot t\right)$$

速さ $v(t)$ はどう表されるか．

(4) 上問より，運動エネルギー $K$ およびばねの力による位置エネルギー $U$ は，時間とともにどう変化するか．

(5) 力学的エネルギーが時間変化しないことを確かめよ．

$$\left（\begin{array}{l}\text{答：　}(1)\ \frac{1}{2}mv_0^2\quad(2)\ l=\sqrt{\frac{m}{k}}v_0\\\qquad(3)\ v(t)=v_0\cos\left(\sqrt{\frac{k}{m}}\cdot t\right)\\\qquad(4)\ K(t)=\frac{1}{2}mv_0^2\cos^2\left(\sqrt{\frac{k}{m}}\cdot t\right),\\\qquad\quad\ U(t)=\frac{1}{2}mv_0^2\sin^2\left(\sqrt{\frac{k}{m}}\cdot t\right)\\\qquad(5)\ E=K(t)+U(t)=\frac{1}{2}mv_0^2=\text{一定}\end{array}\right）$$

**3.4** 下の図のように，両側にピストンのついた断熱材で覆われた管の中に細孔のある栓を入れ，左側にあった気体を右側にゆっくり透過させるジュール-トムソンの実験を考える．左側のピストンには常に $P_1$，右側のピストンには常に $P_2$ の圧力に相当する力を加える．ただし，$P_1 > P_2$ とし，体積 $V_1$ の気体が押し出され，体積 $V_2$ になったとする．

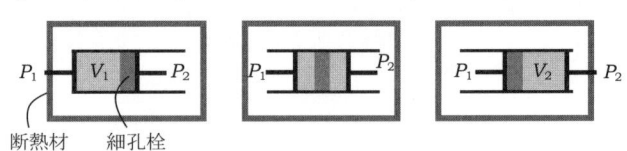

(1) この過程で，エンタルピーが保存されることを示せ．

(2) 実験の結果，気体の密度が小さく理想気体とみなせるときには温度変化がほとんどなかった．この結果から，何が言えるか考察せよ．

> 答：(1) 外界が気体にした仕事は，$P_1V_1 - P_2V_2$ であり断熱的になってるので，熱力学第一法則より $U_1 + P_1V_1 = U_2 + P_2V_2$ となる．
>
> (2) 気体が理想気体とするならば $P_1V_1 = P_2V_2$ なので，$U_1 = U_2$ である．このことは理想気体とみなせるとき，気体の内部エネルギーは温度が同じなら，体積によらず一定であることを示している．

# 第4章 波　動

## 4.1 波の性質

**波動**　池の水に石を投げると，水面の上下の変位が波紋となって広がって伝わっていく．このように，1か所に起こった状態の変化（**波源**）が，次々に隣の部分に伝わる現象を，**波**または**波動**という．身近な波としては，音，光，水面の波，地震などがある．波は身近な現象であるばかりでなく，我々は外部の情報のほとんどを，眼と耳を使って光と音で取り入れるので，我々にとって大切な現象でもある．光は物体の位置，形，色の情報を伝えると同時に，文字情報も伝える．音は言葉として，人と人とのコミュニケーションの情報を伝える．

**波動が伝わる条件**　波を伝えるものを**媒質**という．光（電磁波）の場合を除いて，波は媒質中を伝わる．光は媒質のない真空中でも伝わる．媒質中に振動がおきるためには，媒質が変位したとき，元にもどそうとする復元力がはたらかなければならない．そして，その振動が伝わっていくためには，媒質の振動する部分がすぐ隣の部分に力を及ぼさなければならない．振動部分が及ぼす力で隣の部分も振動を始め，またその隣の部分にも振動を伝えるというように，次々と振動が伝わり波となる．このように，波が伝わる条件は**復元力**と，**隣の部分に及ぼす力**である．

**横波と縦波**　図 4.1 に示すように，媒質の変位方向と波の進行方向が直角な波を**横波**とよび，媒質の変位方向

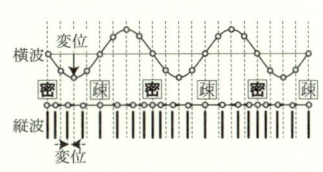

**図 4.1**　縦波と横波

と波の進行方向が同じ波を**縦波（疎密波）**とよぶ．水面を広がる波は横波であり，音は空気の疎密波が伝わる縦波である．光は偏光を示すことから，横波であることが確かめられている．

縦波の疎密波を図にするのは手間がかかるので，図 4.1 において，縦波の媒質の変位が左側 (進行方向と反対側) のとき横波の負の変位に，媒質の変位が右 (進行方向) のとき横波の正の変位に対応させれば，横波のように表すことができる．

### 波の表し方

振動と同じように，一番単純な波は sin 波（**正弦波**ともいう）で表される．変位が $y$ で $x$ の正の方向に進む正弦波が，時刻 $t=0$ のとき図 4.2 の実線のように，次式で表されるとする．

$$y = A\sin\left(\frac{2\pi x}{\lambda}\right) \tag{4.1}$$

位置 $x$ が $\lambda$ のところで，波は元にもどる．この $\lambda$ を**波長**という．

時刻が $t$ 経過して波が進行し，図 4.2 の点線の位置まで移動したとする．波の進行速度を $v$ とすると，波は $vt$ だけ $x$ の正の方向に進んでいる．点線の関数は，$x = vt$ で 0 から立ち上がる正弦波だから，式 (4.1) において，$x$ を $x - vt$ に置き換えると関数式が求まる．

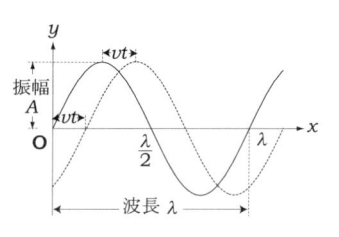

**図 4.2** 正弦波

すなわち，時刻 $t$ における波である点線の関数は，次式となる．

$$y = A\sin\left[2\pi\left(\frac{x - vt}{\lambda}\right)\right] \tag{4.2}$$

これが**波を表す関数**である．

位置 $x = 0$ での変位の時間変化は，上の式で $t = 0$ とおいて次式となる．

$$y = A\sin\left(-2\pi\frac{v}{\lambda}t\right) \tag{4.3}$$

これは単振動の式 (2.41) と同じ関数で，時刻が $T = \dfrac{\lambda}{v}$ 経過すると元にもどるので，**波の周期は $T$ である**．したがって，**波の振動数** (周波数ともいう) は

## 4.1 波の性質

$\nu = \dfrac{1}{T} = \dfrac{v}{\lambda}$ である．周期 $T$ を用いて波を表すと，式 (4.2) より次式となる．

$$y = A \sin\left[2\pi \left(\dfrac{x}{\lambda} - \dfrac{t}{T}\right)\right] \tag{4.4}$$

表 4.1 に，波を表す量の単位と定義をまとめる．

**表 4.1　波を表す量**

| 速度 $v$ | [m/s] | 1 秒間に進む距離 |
|---|---|---|
| 波長 $\lambda$ | [m] | 1 回の振動で進む距離 |
| 振動数 $\nu$ | [Hz] | ある位置で 1 秒間に振動する回数 |
| 周期 $T$ | [s] | 1 回振動するのにかかる時間 |

これらの量の間には次式の関係が成り立つ．これは波の基本的な関係式である

$$\text{速度} = \text{振動数} \times \text{波長}, \quad \text{すなわち} \quad v = \nu \lambda \tag{4.5}$$

**問い**　$-x$ 方向に 345 m/s の速さで進む波長 0.500 m，振幅 0.0100 m の式 (4.4) で表される波の式を求めよ．

$$\left(\text{答:}\ y = 0.0100 \sin\left[2\pi \left(\dfrac{x}{0.500} + \dfrac{t}{0.00145}\right)\right]\right)$$

**振動のエネルギー**

ばね定数 $k$ の引き戻す力を受けて振動する質量 $m$ の物体の力学的エネルギー $E$ は，例題 3.2 で説明されているように，運動エネルギーとばねのポテンシャルエネルギーとの和である．物体の位置を $x(t) = A\sin\omega t$，速さを $v(t) = \omega A \cos\omega t$ とし，$\omega = \sqrt{\dfrac{k}{m}}$ の関係を用いると，$E$ は次式で表される．

$$E = K + U = \dfrac{1}{2}mv^2 + \dfrac{1}{2}kx^2 = \dfrac{1}{2}m\omega^2 A^2 \tag{4.6}$$

この式から振動する物体のエネルギーは，角振動数の二乗と振幅の二乗に比例することがわかる．すなわち，角振動数が大きいほど，また，振れ幅が大きいほど，振動する物体のエネルギーが大きい．

**波動のエネルギー**

振動する物体のもつエネルギーは式 (4.6) で表される．この式の質量 $m$ を，波が単位面積あたり，単位時間に運ぶ質量にあたるものに置き換え

れば，波の運ぶエネルギーが得られる．波の媒質の密度，すなわち単位体積あたりの質量を $\rho$ とする．波は単位時間に波の速度 $v$ に相当する距離進むので，媒質の断面積 $S$ の部分が運ぶ質量は，体積 $vS$ の立体の質量であり，密度に体積をかけて $\rho vS$ である．この質量の振動のエネルギーは，式 (4.6) より $\frac{1}{2}(\rho vS)\omega^2 A^2$ で，これが単位時間に断面積 $S$ を通して運ばれる波のエネルギーにあたる．単位時間に単位面積を通過する波のエネルギー $I$ を求めるには，これを面積 $S$ で割って次式となる．

$$I = \frac{1}{2}\rho v \omega^2 A^2 \tag{4.7}$$

単位は [J·m$^{-2}$·s$^{-1}$] である．式 (4.7) から，波は振幅と角振動数の二乗に比例し，速度に比例するエネルギーを運ぶことが分かる．波のエネルギーは，音の場合，耳が聴く音の大きさに対応する．

> **問い** 太鼓は表面に張った革をばちでたたいて，革を振動させて音をだす．強くたたくと革の振幅が大きくなり，大きな音が出る．革の振幅を 2 倍にすると，音のエネルギー何倍になるか． (答: 4 倍)

### いろいろな波の速度

一般に波の伝わる速度は，媒質の密度が小さく，媒質の復元力が大きいほど速い．いろいろな媒質中での波の速さの例を以下に示す．

① **弦の振動**

弦を伝わる横波の速さは，弦の線密度を (1 m 当たりの質量) を $\sigma$，張力を $T$ として次式で与えられる．

$$v = \sqrt{\frac{T}{\sigma}} \tag{4.8}$$

この関係から，ギターなど楽器の弦を伝わる波の速さは，強く張られた軽い弦ほど速いことがわかる．

② **固体中の横波**

固体は，圧縮・伸長ばかりでなく，ずれも復元する力が生じるので，縦波も横波も伝わる．**固体中の横波の速さは，**剛性率（横ずれに対する復元力）を $G$，密度（1 m$^3$ 当たりの質量）を $\rho$ として，次式で与えられる．

$$v = \sqrt{\frac{G}{\rho}} \tag{4.9}$$

## 4.1 波の性質

### ③ 固体中の縦波

固体中の縦波の速さは，ヤング率（伸び縮みに対する復元力）を $E$，密度を $\rho$ として次式で与えられる．

$$v = \sqrt{\frac{E}{\rho}} \tag{4.10}$$

この縦波の速さは固体中の音速である．地殻を伝わる地震の波は，横波（S波）と縦波（P波）の両方で伝わる．縦波は速く，横波はゆっくりと伝わるので，震源から離れた地点では，細かい振動の縦波を先に感じてから横波を感じ始めるまでの時間の差（初期微動継続時間）から震源までの距離を推定できる．

### ④ 流体中の音波

気体や液体など流体中の波（音）の伝わる速さは，媒質の密度を $\rho$，圧縮に対する復元力を表す体積弾性率を $K$ として次式で与えられる．

$$v = \sqrt{\frac{K}{\rho}} \tag{4.11}$$

流体は横にずれたとき復元力がはたらかないので，流体中で横波は伝わらない．

### ⑤ 水面の波

風による表面のさざ波ではなく，津波やうねりのように，水深より波の波長がずっと長いときの**水面の波**の速さは，重力加速度の大きさを $g$，水深を $h$ として次式で与えられる．

$$v = \sqrt{gh} \tag{4.12}$$

深い海の方が波の伝わる速さは大きい．太平洋の海底で起きた津波は600〜700 km/h のような高速でやってくる．

**ホイヘンスの原理**

波は空間を伝わる．ある時刻において，この波の同じ位相（山とか谷の位置）を連ねた面を**波面**という．

波面が，4.3(a) のように平面状の波を**平面波**，図 4.3(b) のように空間の一点から発せられ，波面が球面状の波を**球面波**という．

図 4.3 のように波が伝わるとき，1 つの波面上の各点から無数の 2 次的な球面波が

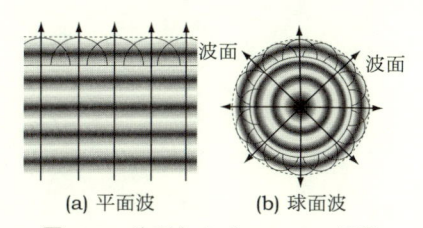

(a) 平面波   (b) 球面波

**図 4.3** 波面とホイヘンスの原理

でき，これらの球面波に共通に接する面が，次の瞬間の波面になると考えると，様々な波の現象が一般的に説明できる．これを**ホイヘンスの原理**という．

球面波では波源の振動のエネルギーは球面状に広がりながら運ばれるから，波の強さは波源からの距離の二乗に反比例して減少する．平面波では，波は広がらずに進むから距離によるエネルギーの減少はない．

---
**例題 4.1**

電球の光に垂直に照らされている面の明るさは，光の運ぶ単位面積あたりのエネルギーを表す．電球からの距離によって，どのように変わるか．

---

**解** 電球からの光は空間に球状に広がるから，波面は球形とみなせる．空気の吸収などによる光の減衰はないものとすると，電球からの距離 $r$ の球面を通過する光の全体のエネルギー $E$ は，$r$ によらずに一定である．したがって，距離 $r$ における単位面積あたりのエネルギーは球の表面積 $4\pi r^2$ で $E$ を割って，$\dfrac{E}{4\pi r^2}$ となる．このように，単位面積あたりのエネルギーは，距離の二乗に反比例して減少する．

## 4.2 反射・屈折・干渉・回折

**波の重ね合わせ**

2つの波が同じ媒質中を伝わるとき，波がぶつかって重なった部分での媒質の変位は，それぞれの波の変位の和となる．これを**波の重ね合わせの原理**という．干渉や定常波などの現象は，波の重ね合わせの原理で説明できる．波がぶつかっても離れた後は，波はぶつかる前の状態を保って伝わるという**波の独立性**がある．

**反射**

波が異なる媒質の境界面にあたると，図 4.4 のように反射する．境界面に垂直な法線 (AE) と入射波および反射波の進行方向とのなす角 $i$ と $i'$ を，それぞれ**入射角**および**反射角**という．一般に，入射角と反射角は等しく，$i = i'$ が成り立つ．これを**反射の法則**という．反射波は入射波と同じ媒質内を伝わるので，速さも波長も振動数も変わらない．

## 4.2 反射・屈折・干渉・回折

反射の法則をホイヘンスの原理から導く．図 4.4 において，ABC は入射波の波面，A′B′C′ は反射波の波面である．入射角と反射角をそれぞれ $i$, $i'$ とする．A が境界面に達した後に，波面のもう一方の端 C が境界面に達するまでの時間を $t$，媒質 I 内の波の速度を $v_1$ とすると，CC′$= v_1 t$

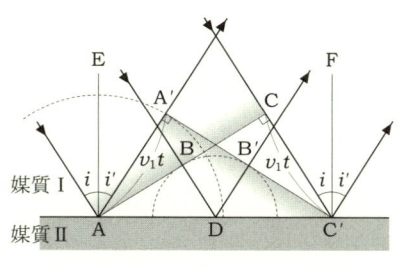

**図 4.4** 反射の法則

である．ホイヘンスの原理によって，反射波の波面は，入射波が境界に達し，そこから発生する 2 次的な球面波の重ね合わせで作られる．したがって，反射波について AA′$= v_1 t$ である．△AC′A′ と △C′AC において，角 A′ と角 C は直角で等しい．A′A=CC′$= v_1 t$，辺 AC′ は共通である．したがって，△AC′A′ と △C′AC は合同である．角 $i$ と角 $i'$ は，ともに直角から同じ大きさの角 C′ および角 A を引いたものだから，$i = i'$ で，反射の法則が成り立つ．

波が反射するとき，反射波の位相が変わる場合と変わらない場合がある．媒質の端が変位しないように固定されている端を**固定端**といい，固定端では入射波に対し反射波の位相は $\pi$ rad（180°）だけずれる．固定されていない端を**自由端**といい，自由端では位相の変化はない．

### 屈折

図 4.5 に示すように，速度の違う波が媒質を伝わるとき，媒質の境界で波の進行方向が変わる現象を**波の屈折**という．

波が媒質 I から媒質 II に伝わるときの屈折の大きさは**屈折率** $n_{12}$（**相対屈折率**）で表される．屈折率は，媒質境界の法線と入射波のなす角 $i$（**入射角**）と法線と屈折波のなす角 $r$（**屈折角**）を用いて，次のように定義される．

$$n_{12} = \frac{\sin i}{\sin r} \tag{4.13}$$

この関係から，屈折率が大きいほど，波は大きく曲げられることがわかる．

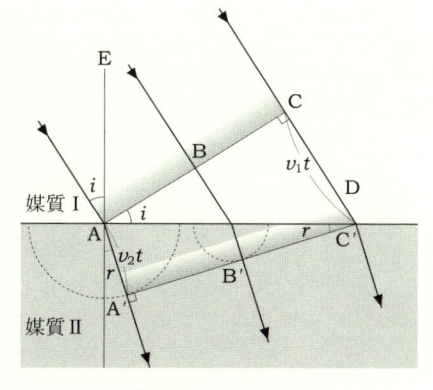

**図 4.5** 波の屈折

**ホイヘンスの原理と波の屈折**

図 4.5 において，時刻 $t=0$ に，波面 ABC の端 A が媒質 I と媒質 II の境界に達したとする．その $t$ 秒後に他方の端 C が境界面上の C′ に達するとすると，媒質 I 中での波の速さを $v_1$ として，$CC' = v_1 t$ である．境界面に達した波は，ホイヘンスの原理により，境界面のすべての点から 2 次的な球面波を媒質 II の中で，速さ $v_2$ で発生し，それらの先端に接する面が媒質 II での波面となる．したがって，時間 $t$ の間に，波面の A の側は媒質 II の中を進んで A′ に達するとすると，媒質 II の中の速さは $v_2$ なので，$AA' = v_2 t$ である．図 4.5 より，$\sin i = \dfrac{CC'}{AC'} = \dfrac{v_1 t}{AC'}$，$\sin r = \dfrac{AA'}{AC'} = \dfrac{v_2 t}{AC'}$ である．これらの関係を，相対屈折率の定義式 (4.13) に代入すると，次式を得る．

$$n_{12} = \frac{\sin i}{\sin r} = \frac{v_1 t}{v_2 t} = \frac{v_1}{v_2} = \frac{\lambda_1}{\lambda_2} \tag{4.14}$$

波が屈折するとき，振動数 $\nu$ は変化しない．速度と波長 $\lambda$ との間には，$v_1 = \nu\lambda_1$，$v_2 = \nu\lambda_2$ の関係があるので，上式の最後の等式が成り立つ．相対屈折率は，波の速度の比に等しく，波長の比にも等しい．

**干渉**

2 つの波が重ね合わされたとき，互いに強め合ったり弱め合ったりする現象を**波の干渉**という．振動板に取り付けたふたまたの針金の両端を水面にふれさせ，振動板を振動させると，水面には図 4.6(a) のように，全く振動の起こらない部分 (黒い部分) と，大きく振動する部分 (白い部分) とが現れ，これらが放射状のしまとして見られる．これは水面の波の干渉である．

図 4.6(b) において，針金が水面にふれる 2 点を A, B とする．点 A, 点 B からは，振幅と波長 $\lambda$ の等しい波が同じ位相で送り出されている．水面上の任意の点と波源 A, B との距離をそれぞれ $r_1$, $r_2$ とすると, 次式を満たす点 P では常に波の山と山，谷と谷とが重なり

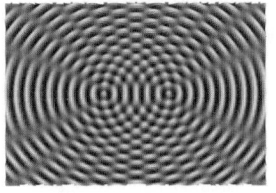

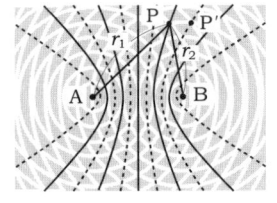

(a) 水面の波の干渉　　(b) 波の干渉

**図 4.6**　波の干渉

4.3 音 波

合って，波は強め合う．

$$|r_1 - r_2| = \frac{\lambda}{2} \cdot 2m \quad (m = 0, 1, 2, \cdots) \tag{4.15}$$

また，次式を満たす点 P′ では，常に山と谷が重なり合い，波は弱め合う．

$$|r_1 - r_2| = \frac{\lambda}{2} \cdot (2m+1) \quad (m = 0, 1, 2, \cdots) \tag{4.16}$$

### 回折

一様な媒質の中を直進する平面波が，隙間の開いた障壁に当たると，波は障害物の陰になる部分にも入り込む．これを **波の回折** という．図 4.7(a) のように，隙間が波の波長に比べて広いと回折は小さく，図 4.7(b) のように波長程度に狭くなると，隙間から球面状に大きく広がって回折する．

ホイヘンスの原理において，隙間からの 2 次的な波面を発する波源の最小の間隔が波の波長と考えると，回折は理解できる．隙間が波長程度だと，波源は 1 つで，波はそこから図 4.7(b) のように球面波を発する．隙間が波長よりも長いと，波源は隙間に沿って複数あり，図 4.7(a) のように平面的な波面ができるとともに，端の波源のからの 2 次的な波は回折する．

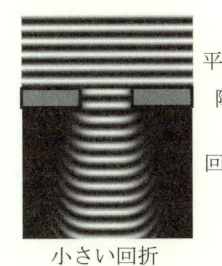

(a) 幅の広いスリット　小さい回折
(b) 幅の狭いスリット　大きい回折

図 **4.7**　波の回折

光の波長は短いため，光ははっきりした影を作るが，音の波長は長いので，たとえば家の塀などの障害物を回折して回り込み，後ろでも聞える．

## 4.3　音　波

### 音の速さ

我々にとって大切な言葉によるコミュニケーションは，空気を媒質として伝わる波である音を利用している．音は空気の密度の振動が，**疎密波** (縦

波) として伝わる波の現象である．声帯や楽器のように，振動によって音を出すものを**発音体**または**音源**という．

**空気中の音速**は，0°C では 331.5 m/s であり，温度が 1°C 上がるごとに 0.6 m/s ずつ増す．温度 $t$〔°C〕での音速 $v$〔m/s〕は，次式で与えられる．

$$v = 331.5 + 0.6t \tag{4.17}$$

いろいろな物質中での音速の速さを表 4.2 に示す．流体である気体や液体中での音の伝わる速さは，式 (4.11) で与えられ，媒質の密度 $\rho$ が小さいほど速い．水素ガスやヘリウムガスは空気より密度が小さいので，これらの気体中の音速は，空気中より大きい．固体や液体は，密度は気体より大きいが，気体よりずっと大きなヤング率や

表 **4.2** 音波の速さ

| 物 質 | 速さ〔m/s〕 |
|---|---|
| 空気 (15°C) | 340 |
| ヘリウム (20°C) | 970 |
| 水素 (0°C) | 1270 |
| 水 (23 〜 27 °C) | 1500 |
| 鉄 | 5950 |

体積弾性率をもつので，その中での音速は気体中よりずっと高速である (式 (4.10) および式 (4.11) を参照)．生体の主成分は水なので，生体中の超音波の音速は水中での音速約 1500 m/s に近い値になる．

**問い** 水中での音速が，空気中に比べて速いのはなぜか．
(答: 式 (4.11) の体積弾性率が大きい)

**音の 3 要素** 　音の高さ，強さ，音色を**音の 3 要素**という．時間の流れの中でこれらの要素が組み合わされて，耳に聞こえる音が決まる．人の声の違いを聞き分けるのも，この 3 要素の違いを識別することである．

**音の高さ** 　耳に感ずる**音の高さ**は音の振動数で決まる．人の耳に聞こえる音の振動数は，およそ 20 〜 20000 Hz であり，人の発する声は 80 〜 1300 Hz である．NHK の時報のはじめの 3 回連続した音は 440 Hz のラの音で，その後の高い音は 1 オクターブ高い 880 Hz のラの音である．

## 4.3 音波

図 4.8 の (a) と (b) は,音の振動を電気信号に変えて横軸に時間をとって示したものである.高い音 (a) は,低い音 (b) に比べて振動数が高い.図 4.8(c) は,音声と楽器の音の振動数の範囲を示している.

**(a)** 高い音は振動数が高い

**(b)** 低い音は振動数が低い

**(c)** 音声と楽器の振動数

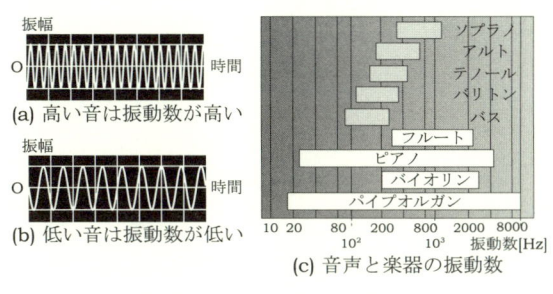

図 **4.8** 音声と楽器の振動数

### 音の強さ

音の進む方向に垂直な $1\,\mathrm{m}^2$ の面積を,1秒間に通過するエネルギー $I$ 〔$\mathrm{W/m}^2$〕のことを**音の強さ**とよぶ.$I$ は式 (4.7) のように角振動数の二乗,振幅の二乗に比例する.

音の強さ $I$ のレベルは,次式のように,耳に聞こえる最もかすかな音の強さ $I_0 = 10^{-12}\,\mathrm{W/m}^2$ との比の対数値に 10 を乗じた〔dB〕(デシベル) とよばれる単位で表される.

$$\text{音の強さレベル}\ \text{〔dB〕} = 10 \log_{10}\left(\frac{I}{I_0}\right) \tag{4.18}$$

$I = I_0$ のときは 0 dB,$I = 10 I_0$ のときは,10 dB である.

騒音レベルを表すのに dB が用いられるが,目安は,静かな住宅地 40 dB,普通の会話 60 dB,繁華街 80 dB,高架線ガード下 100 dB,飛行機のエンジン 130 dB 程度である.

表 **4.3** 音の強さと dB 値

| 音の強さ | dB $= 10 \log(I/I_0)$ |
|---|---|
| $I_0$ | 0 |
| $10 I_0$ | 10 |
| $100 I_0$ | 20 |
| $1000 I_0$ | 30 |

音は空気の密度の疎密波であるが,密度は空気の圧力と関係していて,密度が高いところでは圧力が高く,低いところでは圧力も低い.この圧力変化の大きさを**音圧**という.音圧も,最もかすかな音の音圧 $P_0 = 0.00002$ 〔Pa〕との比の対数をとって,音圧レベル〔dB〕で表す.

$$\text{音圧レベル}\ \text{〔dB〕} = 20 \log_{10}\left(\frac{P}{P_0}\right) \tag{4.19}$$

音圧レベルの dB と音の強さの dB は，実用上は同じとみなしてよい．

音の強さが同じでも，耳に感じる大きさは振動数で異なる．この耳の感度を考えた音の大きさの単位として〔phon〕（フォン）が使われる．図 4.9 は，dB とフォンの関係を示す．

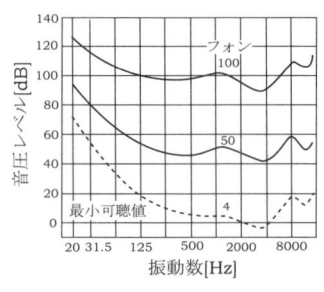

**図 4.9** dB とフォンの関係

---

**例題 4.2**

同じ周波数で，40 dB の音の強さと 60 dB の音の強さとでは，音波の振幅はどれほど違うか．

---

**解** それぞれの音の強さを $I$，$I'$ として，次式が成り立つ．

$$40 = 10\log\left(\frac{I}{I_0}\right) = 10\log I - 10\log I_0, \quad 60 = 10\log\left(\frac{I'}{I_0}\right) = 10\log I' - 10\log I_0$$

両辺を引き算して，次式が得られる．

$$10\log I' - 10\log I = 20, \quad \log\left(\frac{I'}{I}\right) = 2, \quad \frac{I'}{I} = 10^2 = 100$$

40 dB の強さの音と，60 dB の強さの音とでは，音のエネルギーは 100 倍違う．波のエネルギーは式 (4.7) のように，振幅と振動数の二乗に比例するが，この場合，振動数は同じであるから，60 dB の音の振幅は 40 dB の音の振幅の 10 倍である．

### 音色

同じラの音でも，ピアノとバイオリンでは音色が違っている．**音色**は音の波形の違いである．図 4.10 のように，おんさの音は，単一の正弦波である．これに対し，ギターや人の声は波形が単一の正弦波とは異なる．このような波では，基本となる正弦波に，その整数倍の振動数のいろいろな音が重なっている．

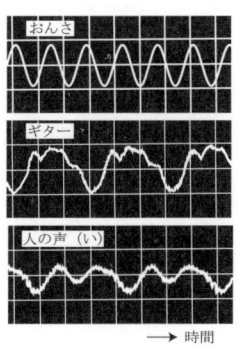

**図 4.10** 音色と波形

## 4.3 音波

一般にどんな波形の波でも，基本周波数の正弦波にその整数倍の振動数の正弦波を重ね合わせて作ることができる．これを**フーリエの定理**という．図 4.11 のように，一般の波をそれぞれの周波数成分に分解することを**フーリエ分解**，分解した成分を**フーリエ成分**という．それらの成分の強さを，振動数の関数として表したものを**フーリエスペクトル**という．人による声の違いを調べるための声紋も，声のフーリエスペクトルである．

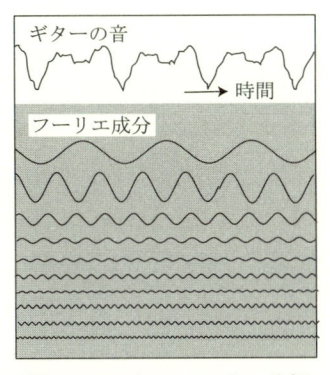

**図 4.11** 音のフーリエ分解

> 問い　音の 3 要素とは何か．また，各要素は，音波の何が違うのか．
> （答: 高さ，強さ，音色．高さは振動数，強さは振幅，音色は波形．）

### 弦の定常波

ギターなどの弦を，図 4.12 のように両端の A と B で固定し，真ん中の部分をはじくと，図 4.12(a) のように振動する．この振動を**基本振動**といい，この振動の波長 $\lambda_1$ は，図のように弦の長さ $L$ の 2 倍で $\lambda_1 = 2L$ である．弦の端から $\frac{1}{2}$，$\frac{1}{3}$ の点を軽く押さえてはじくと，それぞれ 2 つ，3 つに分かれて振動し，これらをそれぞれ 2 倍振動，3 倍振動という．

一般に，端から $\frac{1}{n}$ の点を押さえたときの振動を $n$ 倍の**固有振動**といい，その波長 $\lambda_n$ は，図において節から節までが半波長に等しいとして求められる．

$$\lambda_1 = 2L, \ \lambda_2 = \frac{2}{2}L, \ \cdots, \lambda_n = \frac{2}{n}L \quad (4.20)$$

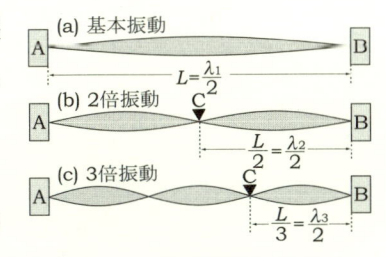

**図 4.12** 弦の振動と定常波

その振動数 $\nu_n$ は，速さ $v$ を波長で割って，次式のようになる．

$$\nu_1 = \frac{v}{2L}, \ \nu_2 = \frac{2v}{2L}, \ \cdots, \nu_n = \frac{nv}{2L} = n\nu_1 \quad (4.21)$$

ここで，$v$ は弦を伝わる音速で，式 (4.8) より，張力が一定であればすべての固有振動で同じである．

図 4.12 は，一定の場所で振動する波になっていて，**定常波**とよばれる．定常波ができるのは，弦は両端が固定されているから，弦を伝わる波は両端で反射を繰り返し重なり合うからである．$x$ の正方向とその反対方向に弦を伝わる，周期，波長，振幅の同じ 2 つの波は，式 (4.4) より，次式で表される．

$$y = A\sin\left[2\pi\left(\frac{x}{\lambda} - \frac{t}{T}\right)\right], \quad y = A\sin\left[2\pi\left(\frac{x}{\lambda} + \frac{t}{T}\right)\right] \quad (4.22)$$

これらの 2 つの波の和をとって重ね合わせると，sin 関数の加法定理から次式を得る．

$$y = 2A\sin\left(\frac{2\pi x}{\lambda}\right)\cos\left(\frac{2\pi t}{T}\right) \quad (4.23)$$

式 (4.23) では，変数 $x$ と $t$ が分離した sin 関数の引数になっていて，$\left|2A\sin\left(\frac{2\pi x}{\lambda}\right)\right|$ が $x$ における振幅を表し，$\cos\left(\frac{2\pi t}{T}\right)$ が時間振動を表す．この関数を，時間を変えて重ねて描くと，図 4.12 が得られる．

両端が固定の条件を満たすためには，$x = 0$ と $x = L$ とで $y = 0$ にならなければならない．前者は $\sin(0) = 0$ が満たされていて，後者より $\sin\left(\frac{2\pi L}{\lambda}\right) = 0$ でなければならない．この条件は $n$ を整数として $\frac{2\pi L}{\lambda} = n\pi$ であり，式 (4.21) が導かれたことになる．

---

**例題 4.3**

図 4.13 では，水だめを上下すると，水の入ったガラス管内の水面の高さが自由に変えられるようになっている．ガラス管の上には振動数が 500 Hz のスピーカーがある．水面を A の位置から次第に下げていったところ，AC がある高さになったときに音が急に大きくなった．空気の音速を 340 m/s として，このときの気柱の長さを求めよ．

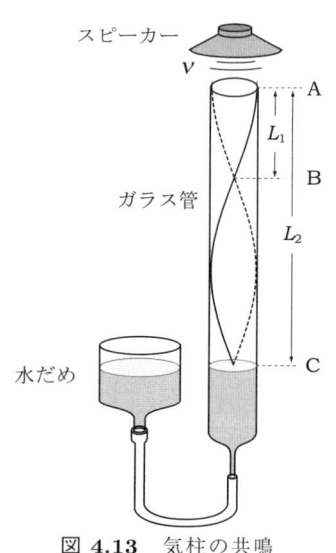

図 4.13 気柱の共鳴

## 4.3 音波

**解** 気柱の中に音波の定在波ができたので，音が急に大きくなった．この現象を**共鳴**という．管の端で音が反射をくりかえし，反射された波ともとの波が強めあうように重なったとき共鳴が起きる．このガラス管のように，一端が閉じられ他端が開かれた管内では，閉じられた端では，位相が 180 度変化する反射が起こり，開放端では位相の変化のない反射が起こるので，定在波の基本振動は気柱が波長の $\frac{1}{4}$ のときに起こり，その 3 倍，5 倍，… で共鳴が起こる (図 4.13 参照)．

音の波長は，(音の波長) = (速度) ÷ (振動数) の関係から，$340 \div 500 = 0.68$ m と求まる．最初に共鳴が起こるのは，AC が $\frac{1}{4}$ 波長のところで，その長さは，$0.68 \div 4 = 0.17$ m である．

笛などは，気柱の共鳴を利用して特定の高さの音を増幅する．

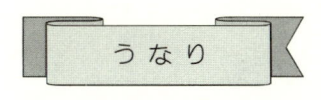

**うなり**

図 4.14(b) の点線の音波は，実線の音波に比べて 1 割，振動数が低い．このような振動数がわずかに違う 2 つの波を加えると，図 4.14(a) に示すように振幅がゆっくり変化する波となる．この現象を**うなり**という．

$t_1$ では山と谷が重なり打ち消しあって，(a) の波の振幅は 0 である．$t_2$ では山と山，谷と谷が重なって (a) の波の振幅は最大となる．$t_3$ では再び打ち消しあう．時間 $T = t_3 - t_1$ の間で，波の数が図のようにちょうど 1 異なる．2 つの波の振動数を $\nu_1$, $\nu_2$ とすると，$|\nu_1 T - \nu_2 T| = 1$ で，次の関係を満たす振動数 $\nu_b$ のうなりが聴こえる．

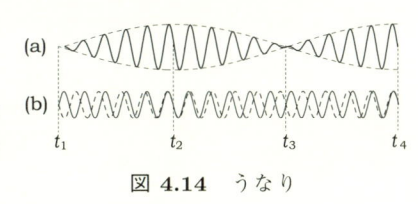

図 **4.14** うなり

$$\nu_b = \frac{1}{T} = |\nu_1 - \nu_2| \tag{4.24}$$

**ドップラー効果**

音の波は媒質に対して一定の速度で進むから，波の音源や観測者が運動していると，発射された波と異なる振動数 (波長) の波として観測される．このような現象を**ドップラー効果**という．

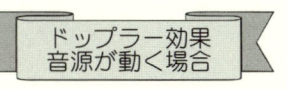

**ドップラー効果 音源が動く場合**

媒質中の音速を $V$，静止した音源の振動数を $\nu_s$，波長を $\lambda_s$ とする．音源が観測者の方向に速度 $v_s$ で動くと，1 秒間に音は $V$ 進むが，音源が $v_s$ 進むので，観測者の側には $V - v_s$ の距離の中に音源が 1 秒間に発した振動数分

の数の音波があり，観測者側の波長 $\lambda'$ は $V-v_s$ を $\nu_s$ で割って，$\lambda' = (V-v_s)/\nu_s$ となる．観測者側で聴く音の振動数 $\nu'$ は $V$ を $\lambda'$ で割って求められ，次式になる．

$$\lambda' = \frac{V-v_s}{\nu_s} = \lambda_s \left(1 - \frac{v_s}{V}\right), \quad \nu' = \frac{V}{\lambda'} = \frac{V}{V-v_s}\nu_s \qquad (4.25)$$

このように，音源が観測者に近づくと波長は短くなり，振動数は高くなる．遠ざかると逆になる．

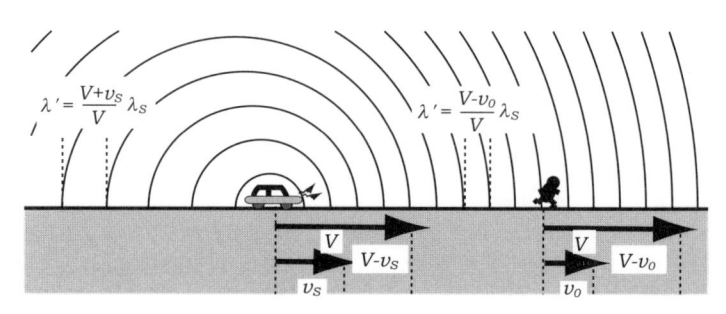

図 4.15 ドップラー効果

**ドップラー効果 観測者も動く場合**

さらに，観測者が速度 $v_o$ で音源から遠ざかると，1秒間に音は $V$ 進むが，観測者も $v_o$ 進むので，観測者は，$V-v_o$ の距離の中にある波長 $\lambda'$ の波の数を1秒間に観測し，これが動く観測者の聴く音の振動数 $\nu''$ となる．すなわち，$\nu'' = (V-v_o)/\lambda'$ である．振動数 $\nu''$ の音の波長 $\lambda''$ は，速度 $V$ を $\nu''$ で割って求まる．まとめると，音源が $v_s$ で動き，観測者が同じ方向に $v_o$ で動く場合の，観測者の聴く音の波長と振動数は次式になる．

$$\nu'' = \frac{V-v_o}{\lambda'} = \frac{V-v_o}{V-v_s}\nu_s, \quad \lambda'' = \frac{V}{\nu''} = \frac{V-v_s}{V-v_o}\lambda_s \qquad (4.26)$$

動く方向が逆の場合は，符号を逆にすればよい．

超音波による血流測定では，血球で反射される超音波のドップラー効果を利用して血液の流れる速さが測られる．電磁波（マイクロ波）のドップラー効果は，スピード違反の取り締まりや，スピードガンに使われる．星からの光のドップラー効果は赤方変位とよばれ，星雲の後退速度 (宇宙の膨張速度) の測定に使われる．

> **問い** 救急車が 1000 Hz の音を出しながら時速 80.0 km/h で近づいてくるとき，静止している観測者には，この音は何 Hz の音に聞えるか．このときの音速は 349 m/s とする．　　　（答：$1.07 \times 10^3$ Hz）

## 4.4　光と電磁波

**光と電磁波**　　図 4.16 のように，電場と磁場が伝わる波を**電磁波**という．光は電磁波の一種で，波長が 380〜770 nm（1 nm = $1 \times 10^{-9}$ m）の光は目の視神経で感じることができ，**可視光**とよばれる．

可視光よりも波長が短い光は**紫外光**，長いものは赤外光とよばれる．**電波，X線，**$\gamma$ **線**も電磁波で，これらは，表 4.4 のように波長で分類され，名称がつけられている．

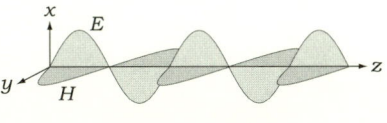

**図 4.16　電磁波**

電波は，電子のような荷電粒子が振動するとき発生する．赤外線は，熱したヒーターから発生する．可視光線や紫外線は，原子核の周りを回る電子の軌道がエネルギーの低い軌道に変わるときに発せられる．$\gamma$ 線は原子核の状態が変化するとき放出される．

電磁波は媒質を必要とせず真空中でも伝わり，真空中の**電磁波の速度** $c$ は，波長に関係なく次の値をもつことがわかっている．

$$c = 2.9979 \times 10^8 \text{ m/s}$$
$$\doteqdot 3.00 \times 10^8 \text{ m/s} \quad (4.27)$$

物質中では，電磁波の速度は真空中より遅くなる．

**表 4.4　電磁波の波長と分類**

| 名　称 | 波　長〔m〕 |
|---|---|
| 電　波 | $1 \times 10^5 \sim 1 \times 10^{-4}$ |
| 赤外線 | $1 \times 10^{-4} \sim 7.7 \times 10^{-7}$ |
| 可視光線 | $7.7 \times 10^{-7} \sim 3.8 \times 10^{-7}$ |
| 紫外線 | $3.8 \times 10^{-7} \sim 1 \times 10^{-10}$ |
| X　線 | $1 \times 10^{-9} \sim 1 \times 10^{-12}$ |
| $\gamma$　線 | $1 \times 10^{-12}$ 以下 |

**光のエネルギーと光子**　　波のエネルギーは式 (4.7) で与えられるが，第 8 章で詳しく説明するように，光の場合は波であると同時に**光子**とよばれる粒子の性質ももっていて，光のエネルギーは個々の**光子のエネルギー**の和で与えられる．1 つの光子の

エネルギー $\varepsilon$ は光の振動数 $\nu$ で決まり，

$$\varepsilon = h\nu \tag{4.28}$$

で与えられる．$h$ は**プランク定数**とよばれる定数で，値は $h = 6.626 \times 10^{-34}$ J·s である．光子のもつエネルギーは振動数が高く，したがって，波長が短いほど大きい．

**光の明るさの単位**

光度は光源の発する光のエネルギーの大きさで定義し，cd（カンデラ）の単位で表す．また $K$ 〔cd〕の光源からは $4\pi K$ 〔lm〕（ルーメン）の光束が放射される．光源から離れた位置で面の受ける光は照度とよばれ，lx（ルクス）で表される．1 cd の光源から 1 m 離れた光に垂直な面の照度（1 lm の光束が 1 m$^2$ の面に垂直に入射するときの照度）が 1 lx である．すなわち，(照度) = (光束) ÷ (光束が垂直に照射する面積) である．

光が球面波として広がるとき，半径 $r$ の球の表面積は $4\pi r^2$ であるから単位面積当たりの光の運ぶエネルギーは $1/r^2$ に比例して減少する．すなわち，光源からの距離が 2 倍になると照度は 1/4，距離が 3 倍になれば照度は 1/9 になる．

**反射と屈折**

光波は，波の反射と屈折の法則に従う．図 4.17 に，異なる媒質の境界での光の反射と屈折の仕方を示す．光の場合，入射側を真空とした場合の真空に対する物質の屈折率を**絶対屈折率**（または単に**屈折率**）といい，$n$ で表す．真空の屈折率は 1 である．

式 (4.14) より，屈折率は速度の比で表されるので，媒質 I および媒質 II での速さを $v_1$, $v_2$，屈折率を $n_1$, $n_2$ とすると，次式が成り立つ．

$$n_1 = \frac{c}{v_1}, \quad n_2 = \frac{c}{v_2} \tag{4.29}$$

この関係と式 (4.14) から，**光の屈折の法則**は屈折率を用いて次式で表される．

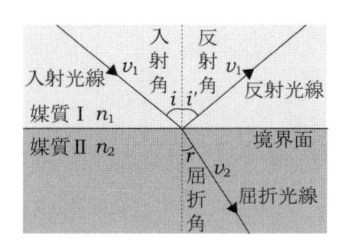

**図 4.17** 光の反射と屈折

$$\frac{\sin i}{\sin r} = \frac{v_1}{v_2} = \frac{n_2}{n_1} \tag{4.30}$$

## 4.4 光と電磁波

**表 4.5** 物質の屈折率

| 物質 | (絶対) 屈折率 |
|---|---|
| ダイヤモンド | 2.419 |
| 光学ガラス | 1.5 ～ 2.0 |
| 水 | 1.333 |
| 空気 | 1.000292 |

波が異なる媒質に伝わるとき，速度や波長は変化するが，振動数は変化しない．レンズによる光の集光や，プリズムによるスペクトル分散は光の屈折現象を利用している．表 4.5 に，いくつかの物質における屈折率をまとめておいた．

**問い** ガラスの屈折率は 1.5 であり，水の屈折率は 1.3 である．ガラス中での光の速度は，真空中に比べて何倍か．また，水中での光の速度は，ガラス中の速度の何倍か．
(答: $1 \div 1.5 = 0.67$ 倍，$1.5 \div 1.3 = 1.15$ 倍)

### 全反射

図 4.18(a) に示すように，ガラスから空気中のように，屈折率の大きい媒質から小さい媒質に光が入射するときは，入射角 $i$ よりも屈折角 $r$ の方が大きい．入射角を増していくと，図 4.18(a) の D のように，屈折角がちょうど 90° になる．このときの入射角を**臨界角**という．臨界角よりも入射角が大きいと，屈折の法則を満たす屈折光線は存在せず，入射光はすべて反射される．これを**全反射**という．

媒質 I の屈折率が $n$ で，媒質 II が屈折率 1 の空気の場合，臨界角 $\theta$ は式 (4.30) より次式となる

$$\frac{\sin 90°}{\sin \theta} = \frac{n}{1}, \quad \sin \theta = \frac{1}{n} \quad (4.31)$$

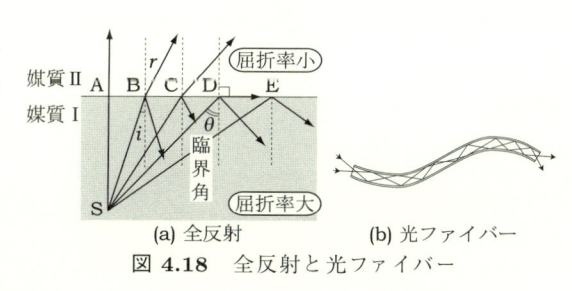

(a) 全反射　　(b) 光ファイバー
**図 4.18** 全反射と光ファイバー

**光ファイバー**は全反射を利用して，ファイバー内に沿って光を導く．ファイバースコープや光通信では，この光ファイバーが利用されている．

## 例題 4.4

表 4.5 からダイヤモンドの臨界角を求め，ダイヤモンドがきらきらと輝く理由を述べよ．

**解** ダイヤモンドの屈折率が 2.419 および式 (4.31) より，臨界角は 24.4°．
ダイヤモンドは屈折率が大きいので，臨界角がガラスなどに比べて小さく全反射が起こりやすい．したがって，表面から入射した光の多くがダイヤモンドの内部で全反射されもどってくるので，きらきらと輝く．

### 平面鏡

金属の薄い膜を平面ガラスの表面に蒸着すると，光を反射する平面鏡になる．図 4.19 において，点 P からの光は平面鏡で反射されると，目には鏡の裏の P′ から出ているように見える．目で見たとき，実際には結像していないところに見える像を**虚像**という．

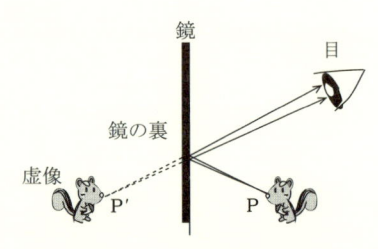

**図 4.19** 平面鏡と虚像

### レンズ

光の屈折現象を利用して，光を集めたり，拡散したりするものを**レンズ**とよぶ．

図 4.20 において，両側が球面状にふくらんだ**凸レンズ**は，平行光線を点 F に集める．両側が球面状にくぼんだ**凹レンズ**は，平行光線を，点 F から発したかのように光を拡散する．F を**焦点**，レンズの中心 O から F までの距離 $f$ を**焦点距離**という．レンズの中心 O を通る XY を光軸という．

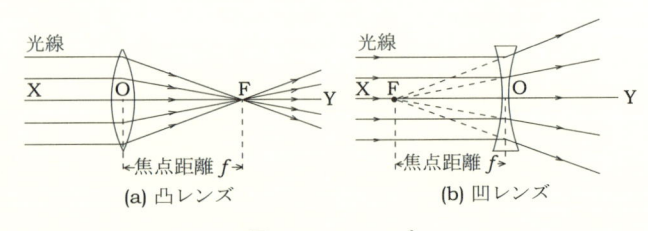

**図 4.20** レンズ
(a) 凸レンズ　(b) 凹レンズ

### 凸レンズ

凸レンズは 1 点から出た光を 1 点に集めることにより物体の像を作る．結像の仕方は，次の 3 つの規則に基づいて作図で求まる．

① 光軸に平行に入射した光は焦点 F を通る．

## 4.4 光と電磁波

② 中心 O に入射した光は屈折されずに直進する．
③ 焦点 F を通って入射する光は光軸に平行に進む．

(a) 物体が焦点より遠くにある場合と，(b) 物体が焦点より近くにある場合について，この規則に従った作図が図 4.21 に示してある．(a) では実像を結び，(b) では虚像ができる．

図 4.21(a) の場合の物体の位置と像の位置の間には，物体 AB とレンズとの距離を $a$，像とレンズとの距離を $b$，レンズの焦点距離を $f$ として，次式の関係がある．

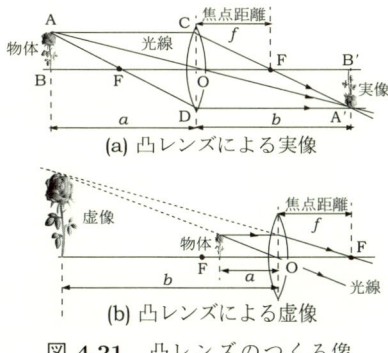

(a) 凸レンズによる実像

(b) 凸レンズによる虚像

**図 4.21** 凸レンズのつくる像

$$\frac{1}{a}+\frac{1}{b}=\frac{1}{f} \qquad (4.32)$$

この式は，△ABO と △A'B'O，および，△COF と △A'B'F が合同の条件から導かれる．また，この式は凸レンズの場合 $f$ を正に，凹レンズの場合 $f$ を負に，像が虚像の場合 $b$ を負とすれば，凸レンズの場合も，凹レンズの場合も同様に成り立つ．また，凹面鏡や凸面鏡による像に対しても成り立っている．

物体と像との大きさの比率（倍率）は $\dfrac{b}{a}$ である．像の明るさはレンズの口径が大きいほど明るい．

**凹レンズ**

凹レンズのつくる像の作図を図 4.22 に示す．作図の規則は凸レンズと同じである．凹レンズでは，$a > f$ のとき，縮小した虚像が見られる．

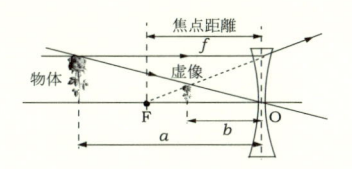

**図 4.22** 凹レンズのつくる像

## 眼の構造

レンズを用いた最も身近なものといえば、**眼球**がある。眼球の構造は、図 4.23 のようになっている。

眼の角膜は球面状になっていて、レンズの役割をし、遠方の像を網膜に結像する。さらに水晶体は凸レンズになっていて、毛様体筋によってその厚さを変えることにより焦点距離を変え、網膜上にはっきりとした実像を作る。目の組織の屈折率は約 1.4 である。

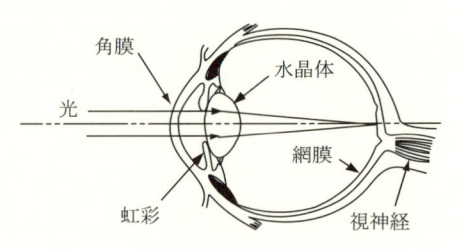

**図 4.23 眼の構造**

網膜上の視細胞（錐体、桿（かん）体）が光の運んできたエネルギーを受け取って明るさや色を感じ、視神経を通じて脳に伝え、脳がそれらの情報を分析して像として知覚する。虹彩は絞りの役割をし、像の明るさを調節する。

## 眼鏡

眼鏡はレンズを用いて眼の焦点距離を調節する。近視の眼は、図 4.24(a) のように、平行光線に近い遠くの物体の像を網膜の前に結ぶ。図 4.24(b) のように、眼の前に凹レンズを置くと、網膜上に結像でき、近視でも遠くの像がはっきり見えるようになる。

近視は凹レンズで矯正するが、遠視は網膜の後ろに結像するので凸レンズで矯正する。老眼は遠視になり、眼の調節機能が衰える。凸レンズで矯正するが、遠近両用にするためには、下の方を見るにしたがって凸レンズの度合いが増すバリラックスを用いる。

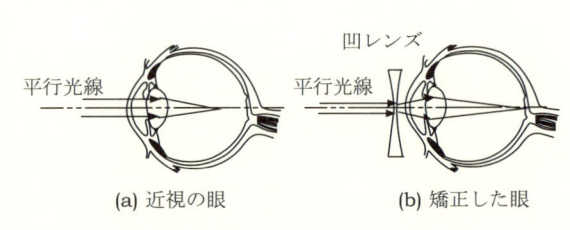

**図 4.24 凹レンズによる近視の補正**

眼鏡レンズの矯正の強さは、$1/f$〔1/m〕で表し、ジオプトリーとよばれる。

**問い** 焦点距離 5.00 cm のカメラレンズで、レンズから 100 cm の距離にある 20.0 cm の物体にピントを合わせたとき、この物体はフィルム上では何 cm か。　　　　　　　　　　（答：0.038 cm）

## 4.4 光と電磁波

### ヤングの実験

図 4.25 のように，光源から出た光を，細いスリット S を通し，さらにこの光をついたて B にあけた短い間隔 $d$ の 2 つのスリット $S_1$, $S_2$ を通すと，距離 $L$ 離れたスクリーン C 上に明暗の干渉縞が見える．

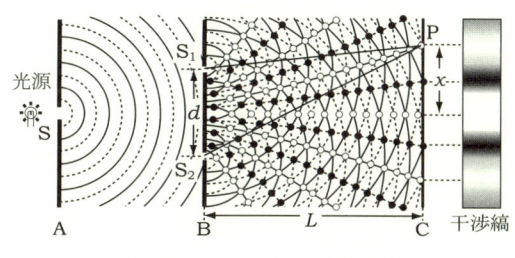

**図 4.25** ヤングの干渉実験

これは，光が波であることを実証するために，1801 年にヤングが行った実験で，**ヤングの干渉実験**とよばれる．

ホイヘンスの原理によると，光はスリットの長さ方向から見ると S を中心とする球面波で広がり，同じ位相の波が $S_1$ と $S_2$ を通り 2 つの球面波で広がる．図 4.25 では，波の山が実線，谷が点線で示してある．これらの球面波の山と山，谷と谷が重なる白丸のところでは，2 つの球面波は強め合って明るい干渉縞を作る．反対に，山と谷が重なる黒丸の所では，波は打ち消しあって暗い縞になる．

干渉縞の中央では，2 つの光路に差がなく明るくなる．中央から $x$ 離れた位置では，$L \gg d$ の場合，光路差は $S_1P - S_2P = \dfrac{xd}{L}$ と近似でき，これが光の波長 $\lambda$ に等しいところ，すなわち中央から

$$x = \frac{\lambda L}{d} \tag{4.33}$$

で，明るい縞ができる．

### 薄膜による干渉

油膜やシャボン玉の虹色は，光の干渉で特定の波長の光が強められた結果である．図 4.26 のように，平行な波長 $\lambda$ の単色光が，水の上に浮いた厚さ $d$ の油膜に入射する場合，油膜表面で反射される光 ABDE と，水と油の境界面で反射され D で重ねあわされる光 A′B′CDE との干渉を考える．

式 (4.29) より，物質中の光の速度は，真空中の光の速度 $c$ を物質の屈折率 $n$ で割った $\dfrac{c}{n}$ になる．振動数は物質中でも真空中と同じだから，波長が $\dfrac{\lambda}{n}$ となる．位相差で決まる干渉を考える場合，光の**光路の長さ**は，屈折

率 $n$ の媒質中で波長が $\dfrac{\lambda}{n}$ ときは，物理的な長さ $l$ を $n$ 倍して $nl$ とする．

入射角を $i$ とすると，$\overline{\mathrm{BD}}=\overline{\mathrm{B'D}}\sin i$ である．屈折角を $r$ とすると，$\overline{\mathrm{B'F}}=\overline{\mathrm{B'D}}\sin r$ である．屈折の法則より，$\overline{\mathrm{BD}}=n\overline{\mathrm{B'F}}$ となり，$\overline{\mathrm{BD}}$ と $\overline{\mathrm{B'F}}$ の光路長は等しい．光路長の差は，油の中の FCD になる．図 4.26 のように作図すると，$\mathrm{FCD}=\mathrm{FCD'}=2d\cos r$ と求まり，光路長の差は，屈折率 $n$ を乗じて $2nd\cos r$ と求まる．もう1つ反射に伴う位相の変化がある．屈折率が小さい媒質の光が大きい媒質との境界で反射されるときは，固定端の反射に対応し，位相が $\pi$，光路上に波長にして $\dfrac{\lambda}{2}$ の差が生じる．空気と油の境界はこれにあたる．屈折率が大きい媒質の光が小さい媒質の境界で反射されるときは，自由端の反射にあたり，位相の差は生じない．油と水の境界はこれにあたる．

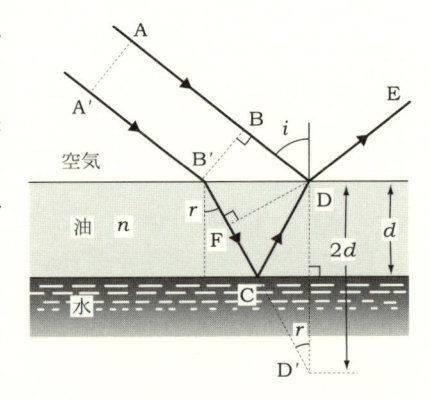

図 4.26　薄膜の光の干渉

以上より，次式を満たすとき，干渉で油と水の表面で反射された光が干渉して強め合う．

$$2nd\cos r = \left(m+\dfrac{1}{2}\right)\lambda \qquad (m=0,1,2,\cdots) \qquad (4.34)$$

見る方向によって角度 $i$, $r$ が異なり，この条件を満たす波長 $\lambda$ も変化するため，薄膜が色づいて見える．

### 光の回折

単色光を，幅の狭い1本のスリットに垂直あてると，後ろに置いたスクリーン上に図 4.27(a) のようなスリットのぼやけた像を中央にして，その両側に明暗の縞ができる．

これは，スリット内の各点から出る2次的な光がスクリーン上で重ねあわされたとき，光路の長さによって強めあったり弱め合ったりしてできる**回折像**である．光が小さい円形の穴を通ると，図

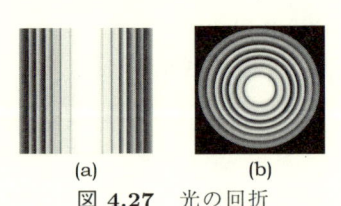

図 4.27　光の回折

## 4.4 光と電磁波

4.27(b) のような同心円状の回折像ができる．光の場合，第5章で説明するレーザーを用いると，図 4.27 のような像をくっきりと観察できる．

### 光の散乱

光がその波長より小さな微粒子に当たると，粒子の各部分から光が強め合ったり弱め合ったりして光が四方に散乱される．一方向から来た光を四方にばらまくので**光散乱**という．波長が短い光ほど光散乱がおきやすい．大気中の窒素や酸素分子は，波長が短い青い光ほど強く散乱するので，空が青く見える．このため，人工衛星から見ても，地球は青い．空気のない月や宇宙空間では，光がまわりから散乱されないので，空は真っ黒である．

太陽が西の空に沈みかける夕刻は，青い光は散乱されて弱まり，赤い光はあまり散乱されずに透過してくるので，夕日が赤く見える．波長が長い赤外線は可視光に比べ霧やもやによる散乱の影響を受けにくいので，可視光が通らない場合でも，赤外線カメラを用いると撮影できることがある．

### 偏光

図 4.16 に示したように，光は横波であり振動面は進行方向に垂直である．ふつうの光源からの光は，いろいろな方向の振動がまざっていて**自然光**とよばれる．

図 4.28(a) のように，**偏光板**は一定方向の振動だけをもつ光を通す．偏光板を通り抜けた光のように，振動方向が一方向にそろっているとき，その光を**偏光**という．

図 4.28(b) のように，物体表面で反射した光はいくらか偏光している．特に，反射光と屈折光が直角になるときは，光の振動面が反射面に平行な光のみが反射され，反射光は完全に偏光する．

物体からの反射光は図 4.28(b) のように，主に水平方向に偏光しているので，水平方向の偏光をカットする偏光サングラスを用いると，反射によるまぶしさを防げる．

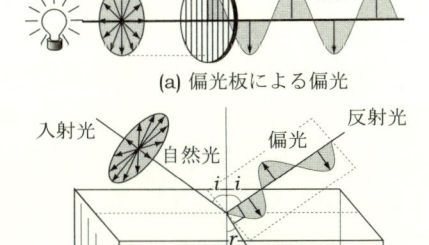

**図 4.28** 自然光を偏光する

## 光のスペクトル

太陽光をプリズムを通してみると，7色の虹に分解できる．これは波長によってガラスの屈折率が違うために起こる現象である．波長が短い(振動数が大きい)光ほど屈折率が大きく，屈折角も大きい．青い光は波長が短く屈折率が大きいため，波長が長い赤い光よりも大きく屈折される．

波をいろいろな波長(振動数)の波に分解することを**スペクトル分解**という．太陽光のスペクトルは波長に対し，連続的に強度が変わる**連続スペクトル**である．これに対し，蛍光灯や水銀ランプの光は，原子が出す飛び飛びの波長の輝線(第8章参照)からなる**線スペクトル**である．レーザーは，極めて鋭い線スペクトルを出す光源である(第5章参照)．

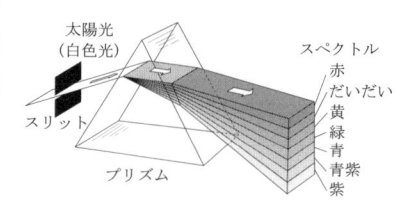

図 4.29 太陽光のスペクトル分解

## 熱放射と太陽光

物質は温度できまる連続スペクトルの電磁波を放射しており，**熱放射**(または**温度放射**)とよばれる．

図 4.30 に，各温度での温度放射のスペクトルを示す．スペクトル強度の中心位置は，温度が低いと波長の長い方に寄り，温度が高いほど短波長側による．太陽光は，太陽表面の高温のガスから発せられる温度放射である．太陽の表面温度は約 6000°C で，図のように可視光で強度が強い．太陽光の中心波長は緑色の波長である．我々の目は，この部分の光に対して一番高い感度をもっている．

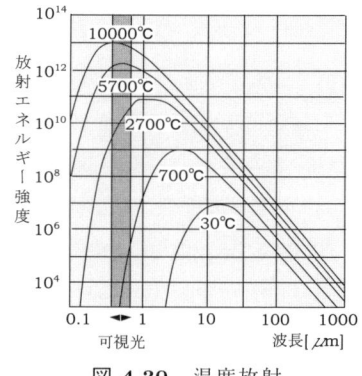

図 4.30 温度放射

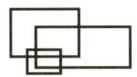

## 章末問題

**4.1** それぞれの空欄に適語を埋めよ．

(1) 音の高さは，音波の（ ① ）で決まる．音の速度は気温が高いほど（ ② ）．水中と空気中での音速を比較すると，（ ③ ）での音速の方がずっと大きい．

(2) 気柱の開放端における音の反射では，反射波の位相は（ ④ ）だけずれ，閉端における反射では（ ⑤ ）だけずれる．両端が開放端のパイプにおける共鳴の基本振動の波長はパイプの長さ $l$ の（ ⑥ ）倍である．

(3) 光源から発する光の強さを光度とよび，単位は（ ⑦ ）である．1 cd の光源からは（ ⑧ ）の光束が出る．面に入射する光の明るさは照度といい，単位は（ ⑨ ）で表される．1 lm の光束が（ ⑩ ）の面に入射したときの明るさを 1 lx とする．

$$\left(\begin{array}{l}\text{答：　①振動数 ②速い ③水中 ④0 ⑤}\pi\\\phantom{\text{答：　}}\text{⑥ 2 ⑦ cd ⑧ }4\pi\,\text{lm ⑨ lx ⑩ }1\,\text{m}^2\end{array}\right)$$

**4.2** 音の速度が $340\,\text{m/s}$ のとき，ラの音（振動数 $440\,\text{Hz}$）の音の波長と周期を求めよ．

(答：$0.773\,\text{m}, 2.27\times 10^{-3}\,\text{s}$)

**4.3** 交流電圧は電圧が sin 関数で，時間とともに振動する．蛍光灯は電圧が 0 の点で一瞬消える．50 Hz の交流で蛍光灯は 1 秒間に何回暗くなるか．

(答：100 回)

**4.4** 音源から球面波として広がる音について，音源から $10\,\text{m}$ 離れた地点で $100\,\text{dB}$ の強さレベルであったとき，音源から $100\,\text{m}$ の地点での強さはいくらか．

(答：$80\,\text{dB}$)

**4.5** 次の現象は，波のどのような性質が関係しているか．

(1) テレビは放送アンテナが山や建物の陰になると見えにくいが，ラジオは建物の陰でも聞こえる．

(2) 衛星放送のパラボラアンテナのパラボラの役割．

(3) 夏の日向の道路などで見える逃げ水．

(4) シャボン玉や油膜が虹色に見える．

(答：(1) 回折 (2) 反射 (3) 屈折 (4) 干渉)

**4.6** ギターの 6 本の弦の長さは，波長の 1/2 であるからどの弦の波長も同じである．音の高さの違う理由は，弦を伝わる波の速度に関係する．どのように説明すればよいか．

（答： 弦の線密度と張力を変えて，弦を伝わる波の速さを変えると，波長が同じでも振動数の違う定常波ができる）

**4.7** 壁で音が反射しないとき，音のエネルギーはどうなるか説明せよ．

（答：熱に変わる）

**4.8** 人の声の周波数は 1 kHz 程度であるが，可聴な周波数は 20 kHz 程度までのびている．人は，声を聞くとき，高い周波数領域の感度をどのように利用できるか．

（答： 波形の違いを検知するには，基本周波数の波に含まれる基本周波数の整数倍の波を検知できなければならない）

**4.9** 高速道路のトンネル内などにあるナトリウムランプの光で見ると，青い車が黒く見えるのはなぜか，説明せよ．

（答： 青い車の塗料は青い光を反射するが，ナトリウムランプの光には青い光はほとんど含まれないためである）

**4.10** 水中にレンズを置いたときの焦点距離はどうなるか．そのことから，水中で目を開けると，ぼやけてよく見えない理由を説明せよ．

（答：長くなる．網膜の後ろに像ができる）

# 第5章 レーザー

## 5.1 レーザーについて

    **レーザーについて**    レーザー (laser) は，放射の誘導放出を利用して光を増幅するという意味の英語，**L**ight **A**mplification by **S**timulated **E**mission of **R**adiation の頭文字をとったものである．最初のレーザーはマイクロ波の振動数 (1〜30 GHz) の領域で開発され，メーザー (**M**icrowave **A**mplification by **S**timulated **E**mission of **R**adiation の頭字語) とよばれていた．その後，波長を短くする努力が続けられ，呼び名も光メーザー (optical maser) あるいは赤外メーザー (infrared maser) と変わり，やがて可視光でも可能になり，1965 年ころから一般にレーザーとよばれるようになった．

  現在レーザーは，CD プレーヤー，プリンタ，スキャナーなど身近なものから生命科学や医療の研究に至るまで，様々なところで利用されている．特に，情報通信分野の光通信の発展と共にレーザーが果たす役割も大きくなり，さらなる性能の向上および低コスト化のための研究がなされている．この章では，レーザーの原理，レーザー光の性質，レーザーにはどんな種類のものがあるのかを概観する．

## 5.2 レーザーの原理

    **光の吸収と放出**    物質は原子や分子で構成されている．原子・分子の中の電子は，とびとびの値のエネルギー状態をとる（エネルギー状態については，第 8 章参照）．外からのエネルギーの注入がなければ，電子は基底状態とよばれるエネルギー

の一番低い状態にある．外から電子にエネルギーを注入すると，電子は基底状態から励起状態とよばれる高いエネルギー状態に上げられる．

図 5.1(a) に示すように，物質に光をあてると，電子にエネルギーを注入することができる．電子は光のエネルギーを吸収し，エネルギーの低い状態 ($E_1$) からより高い状態 ($E_2$) へと遷移する．これが**光吸収**である．逆に，高いエネルギー状態 ($E_2$) にある電子は，自発的に，よりエネルギーの低い状態 ($E_1$) へと遷移し，光を放出する．この放出を**光の自然放出**という．これらのエネルギーと，吸収あるいは放出される光の振動数 $\nu$ との間には次の関係がある．

$$h\nu = E_2 - E_1 \tag{5.1}$$

ここで，$h$ は**プランクの定数**とよばれる定数で $h = 6.63 \times 10^{-34}$ J·s である．

光の放出には，自然放出とは別の放出過程がある．高いエネルギー状態 ($E_2$) にある電子に，振動数 $\nu$ の光が入射すると，上式の条件を満たす低いエネルギー状態 ($E_1$) に電子が遷移し，入射光と同じ振動数の光を同じ位相で放出する．この放出を**光の誘導放出**という．この過程では，入射光は吸収されず放出光と同じ位相で重なり合って出ていく．1 つの光が 2 つになったわけで，光が増幅されたことになる．

> **問い** エネルギー差が $3.14 \times 10^{-19}$ J の準位間の遷移によって放出される光の波長を求めよ．
> (答: 633 nm)

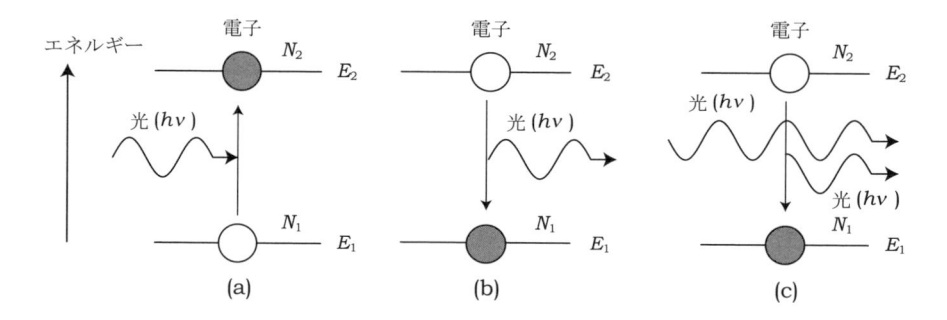

**図 5.1** (a) 光の吸収 (b) 光の自然放出 (c) 光の誘導放出

## 5.2 レーザーの原理

**レーザー発振の原理**

電気回路の発信器からは,正弦波の電圧の信号が整然とした位相で出力される.レーザーは光の発振器であり,電磁波である強い光の波を整然とした位相で出力する.

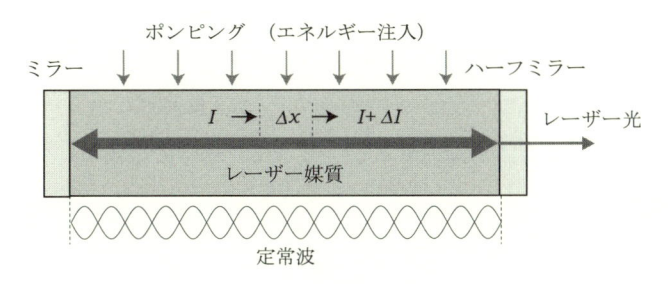

**図 5.2** レーザー発振の原理

位相が整然とした光をつくるために,誘導放出と光の共振器を利用する.誘導放出が位相の一致した光を増幅することは図5.1(c) に示した通りである.図5.2のように,レーザー媒質の両側に2枚の鏡を平行にして向かい合わせて置く.この平行に向かい合わせて置かれた2枚の鏡が光の共振器となる.2枚の鏡の中を反射を繰り返して往復する光の波は,両端が固定された条件の定常波になり,位相がそろう (p.86 参照).両側のミラーで反射される光は,半波長の整数倍がミラー間の距離と同じときのみ,定常波として閉じ込められ増幅される.

光がレーザー媒質内を $x$ 方向に距離 $\Delta x$ 進むとき,強度が $I$ から $I+\Delta I$ に変化したとする.このとき図5.1(a) の光の吸収は,強度 $I$ とエネルギー状態 $E_1$ にある電子の数 $N_1$ と距離 $\Delta x$ に比例するので,比例係数を $\beta$ として,吸収による強度の減少は $-\beta N_1 I \Delta x$ である.図5.1(c) の誘導放出は,$I$ とエネルギー状態 $E_2$ にある電子の数 $N_2$ と $\Delta x$ に比例し,比例係数 $\beta$ は同じなので,誘導放出による強度の増加は $\beta N_2 I \Delta x$ である.したがって,強度の変化 $\Delta I$ は次式となる.

$$\Delta I = \beta(N_2 - N_1)I\Delta x \tag{5.2}$$

レーザー発振が起きるためには,レーザー媒質内を光が進むときに**光の増幅**が起きる必要がある.式 (5.2) より光の増幅 $\Delta I > 0$ が起きる条件は $N_2 > N_1$ で

ある．自然の状態では $N_2 < N_1$ であり，電子の分布が $N_2 > N_1$ になっていることを**反転分布**という．反転分布をつくるためには，外からエネルギーを注入し，$E_1$ にある電子を励起して $E_2$ に上げてやる必要があり，これを**ポンピング**という．ポンピングの方法はレーザー媒質によって異なり，放電（気体レーザー），光の照射（固体レーザー），電流（半導体レーザー）などがある．

図 5.1(b) の自然放出によって放出された光は，レーザー媒質内を進むとき誘導放出によって次々に増幅され，片方のミラーにたどりつき，逆方向に反射される．反射された光は媒質内でふたたび増幅され，反対側のミラーにたどりつき，また反射される．このくり返しで光は増幅され，わずかに透過するミラー（ハーフミラー）からレーザー光が出力されることになる．

> **問い** 式 (5.2) で $N_2, N_1, \beta$ が一定として，強度 $I_0$ の光が $x$ 進んだときの光の強度 $I$ を求めよ． (答：$I = I_0 \exp[\beta(N_2 - N_1)x]$)

## 5.3 レーザー光の性質

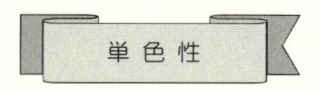

**単色性**　レーザー光の振動数は，式 (5.1) より，物質によってきまるとびとびのエネルギー状態と関係している．物質のエネルギー状態は正確に決まっているので，レーザー光の振動数も正確に 1 つの値を取る．光速を $c$ として，レーザーの波長 $\lambda$ は振動数 $\nu$ と $\lambda = \dfrac{c}{\nu}$ の関係にあるので，波長も正確に 1 つの値になり，1 つの決まった色の光がレーザーから出力される．これを，**レーザーの単色性**という．

**指向性**　レーザー光は，通常の電球などの光とは違って，細いビームとなって直進する．これを，レーザーは**指向性**が良いという．これはレーザー光が図 5.2 のレーザーの断面内で位相がそろった平面波として進むことによる．

しかしながら，波の一般的な性質として回折があり (p.81 参照)，そのためレーザー光も遠方にいくにつれて少しずつ広がる．レーザー光が回折を伴って放射口から出力されるものとし，レーザー光の広がりを放射口により決められる回折の角度の限界として評価してみる．レーザー光の放射口の直径を $a$, 波長を $\lambda$

## 5.3 レーザー光の性質

とし，$\lambda \ll a$ ならば，回折する角度の限界 $\theta$ は次式となることが知られている．

$$|\theta| \lesssim \frac{\lambda}{a} \tag{5.3}$$

たとえば，波長が $1\,\mu\mathrm{m}$ の赤外レーザー光の直径が $2\,\mathrm{mm}$ とすると，$\theta$ は $0.5 \times 10^{-3}$ となり，$1\,\mathrm{km}$ 進んでもわずか $50\,\mathrm{cm}$ 程度にしか広がらない．

**高いエネルギー密度** レーザー光は単色性および指向性がよいため，集光レンズを用いることによって，小さい直径内に集光することができる．それによってエネルギー密度の高い光源が可能になる．たとえば，He-Ne レーザー光は $1\,\mathrm{mW}$ 程度の出力で，豆電球の光よりも出力そのものは弱いが，面積 $10\,\mu\mathrm{m}^2$ のスポットに集光することによって，$10\,\mathrm{kW/cm}^2$ の高エネルギー密度の光となる．これは，太陽表面（約 $7\,\mathrm{kW/cm}^2$）よりも高いエネルギー密度である．レーザーメスやレーザー加工機は，このような性質を利用したものである．

**問い** YAG レーザーは，高出力のレーザーで物質の加工によく使われるレーザーである．出力が $1\,\mathrm{kW}$ のものを面積 $1000\,\mu\mathrm{m}^2$ のスポットに集光すると，エネルギー密度はどの程度になるか．
(答: $10^5\,\mathrm{kW/cm}^2$)

**可干渉性** 干渉とは1つの光線を2つの光路に分け，異なる光路を進んだ後に合成するとき，強まったり弱まったりする性質をいう．2つの光路の長さの差が長くても干渉が起きるとき，可干渉性が良いという．電球などの光は切れ切れの光波がランダムに放出されるため，2つの光路の距離の差がほんのわずかであっても干渉は起こらず，可干渉性は悪い．一方，レーザー光は一定周波数で位相のそろった光波が長時間続くため，可干渉性は極めてよい．可干渉の長さ（**干渉長**または**コヒーレント長**ともいう）$L_c$ は，光が $L_c$ 進むとき位相の乱れが $2\pi$ となる距離である．波長の幅が $\Delta\lambda$ のとき，1波長 $\lambda$ 進むと，$2\pi\frac{\Delta\lambda}{\lambda}$ の位相の乱れが生じる．$L_c$ 進むと，この $\frac{L_c}{\lambda}$ 倍になる．位相の乱れが $2\pi$ になるところで干渉性が失われるとすると，干渉長として次式をえる．

$$L_c \simeq \frac{\lambda^2}{\Delta\lambda} = \frac{c}{\Delta\nu} \tag{5.4}$$

ここで，$\Delta \nu$ はレーザーの周波数幅である．

---
**例題 5.1**

水銀ランプは，$\lambda = 546.1\,\mathrm{nm}$, $\Delta \lambda = 5\,\mathrm{nm}$，一方，He-Ne レーザーでは，$\lambda = 632.8\,\mathrm{nm}$, $\Delta \lambda \sim 10^{-6}\,\mathrm{nm}$ である．式 (5.4) より各々の干渉長を計算し，比べよ．

---

**解** 式 (5.4) より，水銀ランプの干渉長は $L_c \simeq \lambda^2/\Delta \lambda = (546.1\,\mathrm{nm})^2/5\,\mathrm{nm} \sim 60\,\mu\mathrm{m}$. Hg-Ne レーザーの干渉長は $L_c \simeq \lambda^2/\Delta \lambda = (632.8\,\mathrm{nm})^2/10^{-6} \sim 400\,\mathrm{m}$

レーザーの可干渉性を利用することによって精密な距離の測定が可能となり，現在では半導体の製造工程でのウエハの位置決めや，立体的に画像を表示するホログラフィーなどに利用されている．

## 5.4 レーザーの種類

**気体レーザー**　現在，様々な種類のレーザーが開発されている．気体レーザーはレーザー管の中に気体を封入し，管の前後に電極を取り付け電圧を掛け放電する．放電管内の電子は電場によって加速され気体に衝突し，気体はより高い励起状態へと押し上げられ，反転分布が実現される．レーザー管の両端にはハーフミラーと全反射ミラーが設置されており，光がその間を往復する間に増幅され，ハーフミラー側からレーザー光が出力する．

代表的な気体レーザーには，発振波長が $632.8\,\mathrm{nm}$ の He-Ne レーザー，$514.5\,\mathrm{nm}$ と $488.0\,\mathrm{nm}$ の Ar レーザー，$10.6\,\mu\mathrm{m}$ の $CO_2$ レーザーなどがある．

**固体レーザー**　固体レーザーはガラス，ルビー，YAG (イットリウム・アルミニウム・ガーネット) などの結晶に $Nd^{3+}$(ネジウム), $Cr^{3+}$(クローム), $Ho^{3+}$(ホルミウム) などのイオンを混入したものを用いる．これらの物質を円筒形に削り，周りに励起用のランプを置き，その強い光によってイオンを励起し反転分布を実現する．固体レーザーは気体レーザーに比べ，単位体積内に含まれるレーザー動作物質の量が多いため，より高出力のレーザー光を発振させることができる．ま

## 5.4 レーザーの種類

た，混入するイオンの種類を変えることによって，様々な特徴をもった固体レーザーが開発されている．代表的な固体レーザーである Nd-YAG レーザーの発振波長は $1.06\,\mu m$ である．励起光を連続的に照射すると連続発振がえられるが，パルスの励起光を照射するとパルス発振するのも固体レーザーの特徴である．

### 半導体レーザー

光エレクトロニクスの分野で広く使われているレーザは半導体レーザーである．半導体レーザーは気体や固体レーザーに比べ小型，低電圧，低消費電力，大量生産が可能などの特徴のため，用途が広がってきている．光通信用の光源として発展したが，最近では CD や DVD，プリンタなどの広い分野で使われている．

半導体結晶では，電子は価電子帯とよばれる幅をもったエネルギー状態にある．価電子帯の上には，伝導帯とよばれる幅をもったエネルギー状態が存在する．この2つの帯状の間には，禁制帯とよばれる電子が存在できないエネルギー範囲がある．

不純物のない半導体は絶縁体に近いが，半導体結晶に母体結晶よりも価電子が多い不純物を混入すると，余分な電子が伝導体を流れる．逆に，価電子が少ない不純物を混入すると，価電子帯に電子の穴に対応する正の電荷の正孔が流れるようになる．前者を N 型半導体，後者を P 型半導体という．

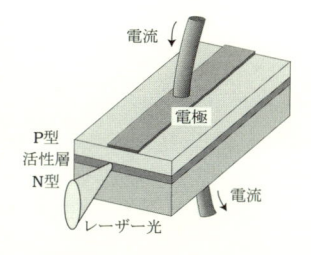

**図 5.3** 半導体レーザー

図 5.3 のように P 型と N 型の半導体を接合した PN 接合を作り，P 型から N 型に電流を流すと，正孔は P 型から N 型に流れ込み，電子は N 型から P 型に流れ込む．正孔と電子は境界付近の活性層で再結合して光を放出し，その光に刺激され誘導放出が起こる．電流を流し続けると，光の放出が次々と行われる．この場合，ポンピングは電流によって行われる．PN 接合の端面にミラーを作っておけば，放出された光がミラーの間を往復し，レーザー発振が起きる．

電子と正孔が再結合する際，伝導体と価電子帯とのエネルギー差に相当する波長の光を放出する．代表的な半導体レーザーの波長は，InP(インジウム・リン) が $0.91\,\mu m$，InAs(インジウム・ヒ素) が $3.1\,\mu m$，InSb(インジウム・アンチモン) が $5.2\,\mu m$ である．

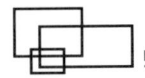

# 章末問題

**5.1** 水素原子のエネルギー準位は $E_n = \dfrac{-13.6}{n^2}\mathrm{eV}$ ($n$ は正の整数) で与えられる．ただし，$1\,\mathrm{eV} = 1.60 \times 10^{-19}\,\mathrm{J}$．電子が $E_2$ 状態から $E_1$ 状態に遷移したときに放出される光の振動数を求めよ．

(答：$2.46 \times 10^{15}\,\mathrm{Hz}$)

**5.2** 半導体レーザーの活性層から出るレーザー光は，層に対して垂直方向に長い楕円型をしている．式 (5.3) より理由を考察せよ．

(答：レーザー光の出る部分が，水平方向に比べ垂直方向が狭いため)

**5.3** 焦点距離 $f$ のレンズに波長 $\lambda$，直径 $D$ の平行光を入射したときのスポットサイズ $R$ は

$$R = \frac{4\lambda}{\pi}\left(\frac{f}{D}\right)$$

で与えられる．波長 763 nm，強度 0.50 mW のレーザー光を焦点距離 15 mm のレンズに直径 20 mm で平行に入射した場合のスポットでのエネルギー密度を求めよ．

(答：$30\,\mathrm{kW/cm^2}$)

**5.4** レーザー発振には反転分布が必要である．しかしながら自然な状態では起こらず，ポンピングをしなければならない．エネルギー $E_1$，$E_2$ の状態の原子の数を各々，$N_1$，$N_2$ とすると

$$\frac{N_2}{N_1} = \exp\left[-\frac{E_2 - E_1}{kT}\right]$$

という関係があることが知られている．ただし，$T$ は絶対温度，$k$ はボルツマン定数である．上式より，反転分布が実現するのはどのような状態か考察せよ．

(答：負の温度)

# 第6章　電荷と電流

## 6.1　電荷・電場・電位・コンデンサー

**電荷**

　冬の空気が乾燥しているとき，着ていた毛糸のセーターを脱ぐと，パチパチと小さな音をたてて火花が飛ぶことがある．これは，摩擦によって電気が生じたためである．

　図 6.1(a) のように，毛皮で摩擦したエボナイト棒を，糸でつるした軽い球や軽い紙片に近づけると，球や紙片はエボナイト棒に引き付けられる．これは，エボナイト棒に電気が生じるためである．このように，物体に電気が生じることを**帯電する**といい，帯電した物体を**帯電体**という．このとき，物体に生じた電気の量を**電荷**または**電気量**という．また，このときの電気は，物体の表面で静止しているので，**静電気**とよばれる．

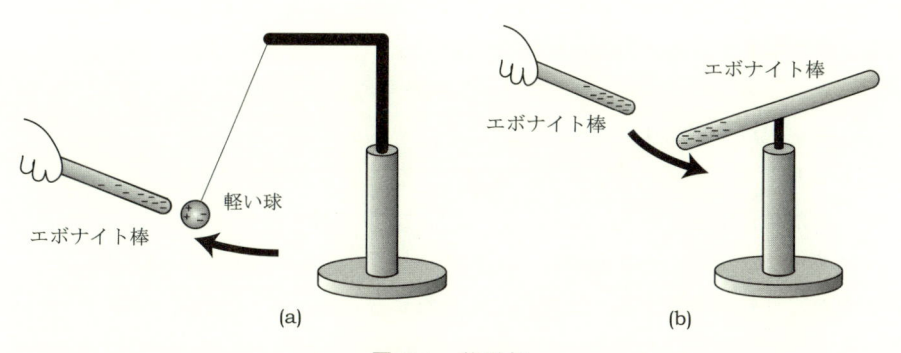

図 6.1　静電気

図 6.1(b) のように，帯電したエボナイト棒を回転台にのせ，これに帯電した別のエボナイト棒を近づけると，2 本のエボナイト棒は互いに反発する．一方，毛皮で摩擦して帯電したエボナイト棒に絹の布で摩擦したガラス棒を近づけると，互いに引き合う．静止した電荷の間にはたらくこの力を，**静電気力**という．これら反発したり，引き合ったりする方向の異なる 2 種類の力は，電荷には 2 種類あり，同種の電荷同士は互いに反発し，異種の電荷同士は互いに引き合うとすると説明がつく．

これらの 2 種類の電荷を正と負に分けて，一方を**正電荷**，他方を**負電荷**という．絹の布で摩擦したガラス棒に生じる電荷が正電荷と決められている．この取り決めによると，ガラス棒に引き付けられるエボナイト棒は，負電荷をもつことになる．

**問い** 脇の下でプラスチックの定規や下敷きをこすり，細かい紙片をひきつけたとき，紙片の電荷はどうなっているか．
（答：帯電したプラスチックのもつ負電荷に近い側に正電荷，反対側に負電荷が現れる．）

## 静電気と物質

なぜ静電気が生じるかは，物質が原子から構成されていることから説明できる．原子は，正電気をもった原子核と，それをとりまく何個かの負電荷をもった**電子**とからできている．原子核は電気的に中性の**中性子**と，正電荷をもつ**陽子**とから成り立っていて，原子核全体としては正電荷をもつ．通常の物質では，負電荷の電子数と正電荷の陽子数が等しく，正負の電気が打ち消し合って全体として電気的に中性になっている．

しかし，この中性物質内の電子に過不足が生じると，物質は帯電する．エボナイト棒を毛皮で摩擦すると，毛皮の電子の一部がエボナイト棒へ移動する．そうすると，エボナイト棒は電子が過剰になるので負に帯電し，毛皮は電子が不足するので正に帯電することになる．また，ガラス棒を絹の布で摩擦すると，ガラス棒の電子が絹の布に移動し，ガラス棒は正に，絹の布は負に帯電する．正と負のどちらに帯電するかは，こすり合わせる物質の種類で決まっている．

## はく検電器

物体が帯電しているかどうかを調べたり，また帯電体の電気の正・負を知るのに，図 6.2 のようなはく**検電器**が用いられる．

## 6.1 電荷・電場・電位・コンデンサー

はく検電器の上端には金属板があり，この金属板が取り付けられた金属棒の下に，薄い金属のはくがぶら下がっている．はくはわずかな力でひらひらと開いたり，閉じたりする．金属は電気をよく通すが，これは自由に動くことができる**自由電子**とよばれる電子で満ちているからである．金属板に，負に帯電したエボナイト棒を近づけると，金属板の自由電子はエボナイト棒の負電荷から反発力を受けて，はくのほうに追いやられる．そして，電子が減少した金属板は正に帯電し，電子が過剰になったはくは負に帯電する．負に帯電した2枚のはくは，同種の電荷の間にはたらく反発力によって開く．

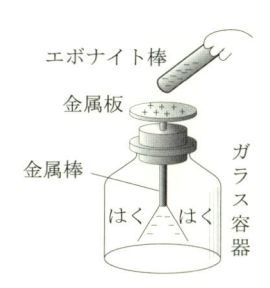

図 **6.2** はく検電器

エボナイト棒を近づける距離によって，はくの開きの角度がすぐ変わり，電子自体は目に見えないが，はく検電器によって，電荷の動きを手にとるように見ることができる．

はく検電器で生じるように，全体としては中性の金属に帯電体を近づけたとき，帯電体に近い方は帯電体と反対の電荷で帯電し，他端に帯電体と同じ符号の電荷があらわれることを**静電誘導**という．

**問い** 図6.2の状態で，エボナイト棒を金属板に触れた後離すと，はくはどうなるか．
(答：金属板，金属棒，はくの全体に負電荷が移って負に帯電し，はくはしばらく開いたままになる．)

### クーロンの法則

静電気力の定性的な性質は，はく検電器などで観察できる．しかし，強さを定量的に正確に決定するためには，精密な測定が必要である．このために，クーロンは，図6.3に示すような精巧なねじればかりを考案した．この装置で，帯電体Aを，帯電体Bに近づけると，細い導線でつるされた帯電体Bは静電気力を受けて回転するが，導線のねじれをもどそうとする力とつり合って静止する．この回転角を読み取れば，静電気力を精密に測定できる．クーロンの考案したねじればかりは，極めて弱い力を検出する高感度な方法として，その後も他の実験に多く応用された重要な方法である．

クーロンの装置による測定の結果，以下のことが見出された．

(1) 小さな 2 つの帯電体の間にはたらく力の方向は，帯電体を結ぶ線に沿っている．
(2) 異種の電荷の間には引力がはたらき，同種の電荷の間には斥力がはたらく．
(3) 大きさはそれぞれの帯電体のもつ電荷の積に比例し，帯電体の間の距離の 2 乗に反比例する．

これを**静電気力に関するクーロンの法則**という．クーロンの法則による力を**クーロン力**とよび，そのはたらく方向を，分かりやすいように図 6.4 のように図示する．

この法則を式で表すと，2 つの帯電体間にはたらく静電気力の大きさを $F$〔N〕，帯電体間の距離を $r$〔m〕，それぞれの帯電体の電荷を $q_1$〔C〕，$q_2$〔C〕として，次式となる．

$$F = k\frac{q_1 q_2}{r^2} \tag{6.1}$$

$k$ は比例定数であり，この定数は，帯電体がどのような物質中に置かれているかによって決まる．

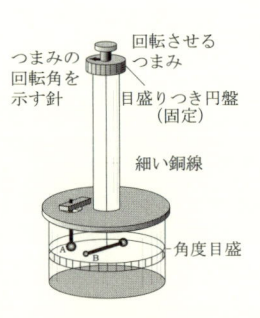

図 **6.3** クーロンの装置

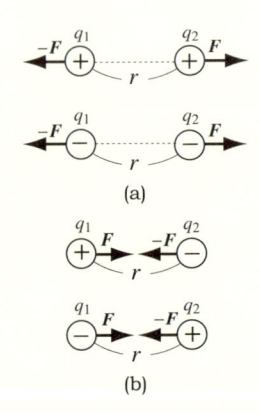

図 **6.4** クーロンの法則

クーロンの法則を使い，力の測定を基にして，電荷の単位が決められる．真空中に同じ電荷をもった 2 つの小さな帯電球を 1 m だけ離して置いたとき，それらの間にはたらく力の大きさが $9.0 \times 10^9$ N となるような電荷を，1 クーロン (記号 C) と決める．この決め方によると，真空中の $k$ の値は，$k = 9.0 \times 10^9$ N·m$^2$/C$^2$ となる．空気中と真空中とで，$k$ の値はほぼ同じとみなしてよい．

定数 $k$ は，**真空の誘電率**といわれる量 $\varepsilon_0$ と，$k = \dfrac{1}{4\pi\varepsilon_0}$ の関係にあり，真空の誘電率を用いてクーロンの法則，式 (6.1) を表すと，次式となる．

$$F = \frac{1}{4\pi\varepsilon_0}\frac{q_1 q_2}{r^2} \tag{6.2}$$

## 6.1 電荷・電場・電位・コンデンサー

真空の誘電率の値は $\varepsilon_0 = 8.85 \times 10^{-12}$ C$^2$/N·m$^2$ である．物質の中でのクーロンの法則は，真空の誘電率を物質中の誘電率の値に変えて適用する．

**問い** $5.3 \times 10^{-11}$ m 離れた，$+e$ と $-e$ の電荷の間にはたらくクーロン力を計算せよ．ただし，電荷の値は $e = 1.6 \times 10^{-19}$ C とする．
(答: $8.2 \times 10^{-8}$ N)

**電 場**

電荷の周りの空間には場とよばれるものが生じ，2つの電荷 $q_1$, $q_2$ は式 (6.2) のクーロン力を，その場を介して及ぼしあう．はじめに電荷 $q_1$ をもってきたとき，その影響によって，正電荷 $q_1$ のまわりの空間が，クーロン力を及ぼすような性質をもった空間に変わる．この空間内に別の正電荷 $q_2$ をもってくると，$q_2$ はこの空間から力を受ける．この考えでは，はじめに正電荷 $q_1$ をもってきたことにより，正電荷 $q_2$ の有無に関係なく，そのまわりの空間の性質が $q_1$ のないときとは異なった性質を帯びていることになる．このような，電荷が置かれたため静電気力を及ぼす性質を帯びた空間を，**電場**という．

いま，電場の中の点 P に正電荷 $q$ [C] を置いたとする．このとき正電荷 $q$ が受ける静電気力を $\boldsymbol{F}$ [N] とすると，$\dfrac{\boldsymbol{F}}{q}$ をその点の**電場ベクトル** (または単に**電場**) といい，$\boldsymbol{E}$ で表す．$\boldsymbol{E}$ は次式で与えられる．

$$\boldsymbol{E} = \frac{\boldsymbol{F}}{q}, \quad \text{したがって} \quad \boldsymbol{F} = q\boldsymbol{E} \tag{6.3}$$

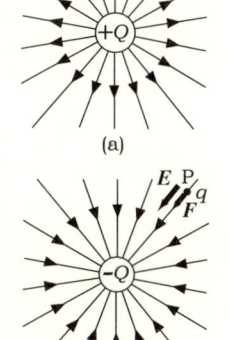

電場ベクトルの大きさ $E$ を，**電場の強さ**という．これは 1 C の正電荷を置いたとき，これにはたらく静電気力の大きさに等しい．また，$\boldsymbol{E}$ の向きを**電場の向き**といい，これは正電荷にはたらく力の向きになっている．電場の強さの単位は，式 (6.3) でわかるように，**ニュートン毎クーロン** (記号 N/C) である．

式 (6.3) を用いて，電荷 $Q$ から $r$ はなれた点 P の電場を求める．図 6.5 のように，点 P に電荷 $q$ を置くと，この電荷は，大きさ

$$F = \frac{1}{4\pi\varepsilon_0}\frac{Qq}{r^2} \tag{6.4}$$

図 **6.5** 電場

のクーロン力を受けるから，点Pの電場の強さ $E$ は，式 (6.3) より，

$$E = \frac{1}{4\pi\varepsilon_0}\frac{Q}{r^2} \tag{6.5}$$

となる．

また，向きはQPの延長上で，$Q$ が正電荷のとき $Q$ と反対向き，負電荷のときは $Q$ の方向である[12]．したがって，正の電荷の周りの電場は，図 6.5(a) のように，電荷から放射状に外向きになっており，負の電荷の周りの電場は，図 6.5(b) のように方向がその逆になっている．

2つの正電荷 $Q_1$, $Q_2$ があるとき，その周りの任意の点Pの電場を求める．$Q_1$ だけがあったときの点Pの電場を $\boldsymbol{E}_1$，$Q_2$ だけがあったときの点Pの電場を $\boldsymbol{E}_2$ とすると，点Pにおける電場 $\boldsymbol{E}$ は，$\boldsymbol{E}_1$ と $\boldsymbol{E}_2$ の和として得られる．すなわち，

$$\boldsymbol{E} = \boldsymbol{E}_1 + \boldsymbol{E}_2 \tag{6.6}$$

によって与えられる．これを，**電場の重ね合わせの原理**という．

問い 一辺が 1m の正三角形の各頂点に，それぞれ 1C の電荷が置かれているとき，各頂点における電場の大きさと方向を示せ．
（答：電場の大きさは $1.6 \times 10^{10}$ N/C．方向は，正三角形の中心と各頂点を結ぶ線上で外向き．）

## 電気力線

電場中に置かれた電荷には，静電気力がはたらく．したがって，その静電気力の方向に電荷を少しずつ動かしていくと，1本の曲線が得られる．この曲線上の各点での接線の方向は，その点での電場の方向と一致する．このような曲線を**電気力線**という．

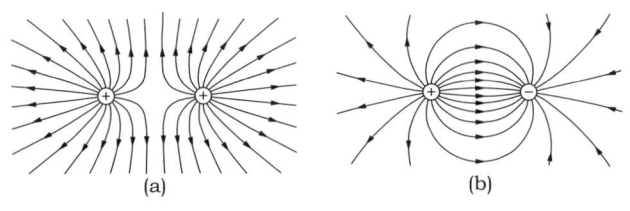

図 6.6 2つの電荷と電気力線

孤立した電荷の場合の電気力線は，図 6.5(a), (b) に示すように放射状の直線となる．2つの等量の正電荷がある場合は，図 6.6(a) のようになり，各電荷から

---

[12] 電場を理解するためには，電場をつくる原因となっている電荷 $Q$ と，電場の様子を調べるためにもってきた電荷 $q$ とを，はっきり区別して考えることが大切である．

## 6.1 電荷・電場・電位・コンデンサー

出た電気力線は，無限遠に向かう．2つの等量の負電荷の場合は，図6.6(a)と形状は同じだが，電気力線の向きを反対にしたものになり，電気力線は，無限遠から発して，各負電荷で消える．大きさが等しく，異符号の2つの電荷の周りの電気力線は，図6.6(b)のように，正電荷から発した電気力線は，負電荷で消える．異符号の電荷の強さが異なり，正電荷の強さの方が大きい場合，図6.7のように，一部の電気力線は正電荷から出て負電荷で消えるが，他の電気力線は無限遠へ向かう．

このように，電気力線は，正電荷から出て負電荷に入るか，無限の遠方までいくかの2つの場合がある．また，電場内の1つの点で電荷が受ける力の大きさと向きはただ1つしかないので，力の方向を示す電場も1つしかなく，電場の方向を示す電気力線は，途中で枝分かれしたり，交わったりすることはない．

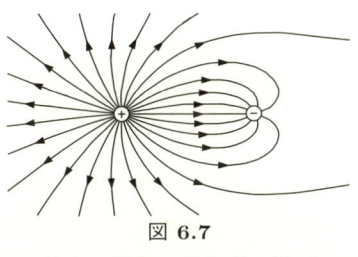

**図 6.7**
強さの異なる異符号の電荷

電気力線の本数によって電場の強さを表すために，電場の強さが $E$ 〔N/C〕の場所では，電場の方向に垂直な断面を通る電気力線が $1\,\mathrm{m}^2$ あたり $E$ 〔本〕になるように描く．

**問い** 1.0 C の正電荷から出る電気力線の数を示せ．
（答：$Q$〔C〕の電荷からは，$\dfrac{Q}{\varepsilon_0}$ 本の電気力線が出る．1 C の場合，$1.1 \times 10^{11}$ 本．）

**ガウスの法則**
式 (6.5) の $E$ に，半径 $r$ の球面の面積 $4\pi r^2$ をかけると，$\dfrac{Q}{\varepsilon_0}$ となる．これは，電荷 $Q$ から出る電気力線の本数に等しい．この関係は，半径の大きさ $r$ によらない．

電荷 $Q$ を囲む任意の閉じた曲面上の小さな面積を $dS$ とし，この面積と垂直に交わる線を**法線**という．電場をベクトルで考えて，この法線方向の成分を $E_n$ とする．$E_n\,dS$ は，小さな面積 $dS$ を貫く電気力線の数である．これを曲面全体で加えたもの，すなわち積分したものは，曲面全体から出ていく電気力線の本数になり，$\dfrac{Q}{\varepsilon_0}$ に等しい．電荷が曲面の中のどこにあっても出ていく電気力線の

本数は変わらないので，この積分は $\dfrac{Q}{\varepsilon_0}$ となる．電荷が曲面の外にあるときは，曲面に入った電気力線は必ずまた出ていくので，この積分は 0 である．計算はここでは省くが，これらのことは，式 (6.5) を用いて証明されている．

したがって，次のことが成り立つ．

$$\int_S E_n \, dS = \frac{1}{\varepsilon_0} (S \text{ の中にある電荷の和}) \tag{6.7}$$

これを **ガウスの法則** という．この法則は，対称的に連続分布した電荷のつくる電場の計算に用いられる．

**問い** 電荷密度 $\varrho$ で一様に帯電した半径 $a$ の球の中心から距離 $r$ の点の電場を求めよ．ただし，$r > a$ とする． $\left( \text{答}: \dfrac{\varrho a^3}{3\varepsilon_0 r^2} \right)$

## 電位

第 3 章で説明したように，地面からの高さ $h$ のところにある質量 $m$ の物体は，仕事 $mgh$ をする能力があり，重力によるポテンシャルエネルギー $mgh$ をもっている．

電場の場合も同様に，物体の仕事する能力から，ポテンシャルエネルギーを求める．図 6.8 のように，一様な電場 $\boldsymbol{E}$ の中の基準面 A から，電場に沿って電場と逆向きに $d$ 離れた点 P に電荷 $q$ がある．$q$ には力 $\boldsymbol{F} = q\boldsymbol{E}$ がはたらいているので，P から基準面 A まで移動する間に，仕事 $W = qEd$ を他の物体にすることができる．

したがって，電荷 $q$ は，P 点において，基準面 A として次式のポテンシャルエネルギー $U$ をもっている．

$$U = qEd \tag{6.8}$$

このように，電場中に置かれた電荷はその電荷 $q$ に比例したポテンシャルエネルギーをもっているが，これを電荷 $q$ で割った単位正電荷 ($+1\,\text{C}$) あたりのポテンシャルエネルギー $V$ を，その点の **電位** という．

$$V = \frac{U}{q} \tag{6.9}$$

**図 6.8** 電位

## 6.1 電荷・電場・電位・コンデンサー

電位を表すには，基準の点が必要である．電荷から無限に遠い点の電位を 0 とすることが多いが，実用的には，導体としての大地の電位を 0 とする．2 点間の電位の差を**電位差**または**電圧**という．

電位や電位差の単位としては，1 C の電荷を運ぶのに 1 J の仕事が必要な 2 点間の電位差を 1 ボルト (記号 V) という．すなわち，1 J = 1 C·V，1 V = 1 J/C である．

> **問い** 質量 $m$，電荷 $e$ の粒子が，電圧 $V$ で初速度 0 から加速されたときの速度 $v$ を求めよ．  $\left(\text{答: } \dfrac{1}{2}mv^2 = eV \text{ より，} v = \sqrt{\dfrac{2eV}{m}}\right)$

**電場と電位**

図 6.8 のような一様な電場 $E$ の場合，電場の強さと電位差の間には，式 (6.8) と式 (6.9) より，次の関係がある．

$$V = Ed, \quad \text{したがって} \quad E = \frac{V}{d} \tag{6.10}$$

このように，電場の強さは，電位の場所による変化の割合とみなすことができる．

点とみなしてもよいような小さな電荷を**点電荷**という．原点にある点電荷 $Q$ から距離 $r$ の点 P の電位 $V(r)$ を求める．無限遠 $r \to \infty$ での電位を 0 とする．原点からの距離 $x$ の点 P に置いた電荷 $q$ には，大きさ $F(x) = \dfrac{1}{4\pi\varepsilon_0}\dfrac{qQ}{x^2}$ のクーロン力がはたらく．原点から P を通るように引いた線に沿って，小さな距離 $dx$ だけ電荷 $q$ が移動するとき，電荷は仕事 $dW = F(x)dx = (kqQ/x^2)dx$ をすることができる．位置 $x = r$ から無限遠まで移動するまでに電荷がなすことができる仕事，すなわちポテンシャルエネルギー $U(r)$ は，$dW$ を $r$ から無限遠まで積分して，次式となる．

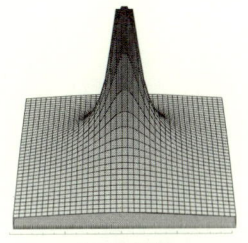

(a) 正電荷

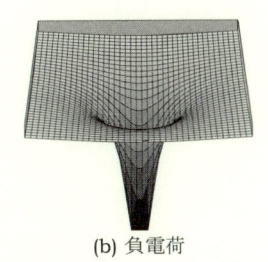

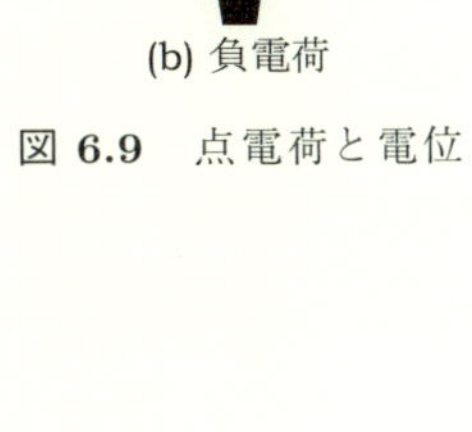

(b) 負電荷

**図 6.9** 点電荷と電位

$$U(r) = \int_r^\infty \frac{1}{4\pi\varepsilon_0}\frac{qQ}{x^2}dx = \frac{1}{4\pi\varepsilon_0}\frac{qQ}{r} \tag{6.11}$$

点電荷の電位 $V(r)$ は，これを電荷 $q$ で割って，次式となる．

$$V(r) = \frac{1}{4\pi\varepsilon_0}\frac{Q}{r} \tag{6.12}$$

電位は，正の電荷に近づくとともに，距離に逆比例して増大する．電荷を含む面上での，正電荷の周りの電位は，図 6.9(a) のようになる．負の電荷では，逆に距離に逆比例して小さくなり，図 6.9(b) のようになる．

**問い** 負の電荷をもつ粒子が，図 6.9 の点電荷の電位の領域に飛んできたとき，どのような振る舞いをするかを，いろいろな場合について説明せよ．
(答：図 6.9 のような曲面に，球をころがすときの運動から類推して説明する)

**等電位面** 電場中で電位の等しい点は無数にあり，これを連ねると面ができる．このような面を**等電位面**という．

電位差の値が一定になるように等電位面を描くと，電場の強さが大きいところでは，等電位面が密になり，電場の強さが小さいところでは，等電位面は疎になる．

---

**例題 6.1**

(1) 一様な電場中で，電場の方向に 0.20 m だけ離れた 2 点 AB 間の電位差が 100 V であるとき (点 A の電位が高い)，電場の強さは何 V/m か．
(2) この電場中に置かれた $1.2 \times 10^{-6}$ C の正電荷が，電場から受ける力の大きさは何 N か．
(3) この正電荷を点 A から点 B へ運ぶとき，静電気力がする仕事は何 J か．

**解** (1) 電場の強さを $E$ 〔V/m〕とすると，
$$E = \frac{V}{d} = \frac{100}{0.20} = 500 \text{ V/m}$$

(2) 正電荷が受ける力の大きさを $F$ 〔N〕とすると，
$$F = qE = 1.2 \times 10^{-6} \times 500 = 6.0 \times 10^{-4} \text{ N}$$

(3) 静電気力がする仕事を $W$ 〔J〕とすると，
$$W = Fd = 6.0 \times 10^{-4} \times 0.20 = 1.2 \times 10^{-4} \text{ J}$$

## 6.1 電荷・電場・電位・コンデンサー

**コンデンサー**

図 6.10 のように，十分に広い平板の導体板 A と導体板 B を平行に，間隔 $d$ だけ離して置き，A を電池の正極に，B を負極に接続する．両極間の電圧 $V$ は電池の電圧に等しい．式 (6.10) より，AB 間には $E = \dfrac{V}{d}$ の電場があることになる．この電場は，A が帯びる正電荷 $+Q$ と B が帯びる負電荷 $-Q$ によって生じる．$Q$ は $E$ に比例し，$E$ は $d$ に反比例するので，$Q$ は $d$ に反比例することになり，極板の間隔 $d$ を小さくすると，多量の電荷 $Q$ が蓄えられる．両極の正と負の電荷は，クーロン力によって互いに引力を受けるので，電池をはずしても，蓄えられたまま保持される．

このように，絶縁体を間にはさんで2個の導体球や導体板を向かい合わせた一組の導体を**コンデンサー**という．2個の導体平板が，絶縁体をはさんで平行に置かれたコンデンサーを**平行板コンデンサー**，導体板を**極板**という．コンデンサーに電荷を蓄えることを**コンデンサーの充電**という．

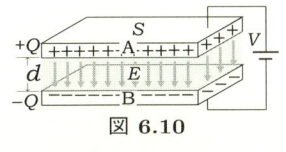

**図 6.10**
平行板コンデンサー

**電気容量**

図 6.10 の平行板コンデンサーにおいて，極板 A に蓄えられている正電荷が $+Q$ のとき，極板 B には $-Q$ の負電荷が蓄えられる．このとき，コンデンサーに蓄えられた電荷は，$Q$ であるという．

電場の強さは，電場をつくる電荷に比例する．したがって，極板間の電場は，コンデンサーに蓄えられた電荷 $Q$ に比例する．極板間の電位差 $V$ は式 (6.10) より電場の強さに比例するので，$V$ も $Q$ に比例し，次式の関係が成り立つ．

$$Q = CV \tag{6.13}$$

ここで，$C$ はコンデンサーの形や極板間の絶縁物によって決まる定数であり，コンデンサーの**電気容量**という．電気容量の単位としては，1 V の電位差を与えたとき，1 C の電荷が蓄えられるようなコンデンサーの電気容量を，1 ファラッド (記号 F) と決める．なお，1 F は実用上大きすぎて不便なため，$10^{-6}$ F が 1 マイクロファラッド (記号 $\mu$F)，$10^{-12}$ F が 1 ピコファラッド (記号 pF) として用いられる．

正の点電荷 $q$ が，距離 $r$ の位置に作る電場は式 (6.5) より $E = \dfrac{1}{4\pi\varepsilon_0}\dfrac{q}{r^2}$ である．電気力線の定義から，電場の強さが $E$ [V/m] の場所には，$1\,\mathrm{m^2}$ あたり $E$ [本] の電気力線が通っている．電荷 $q$ からでる電気力線の総数は，$E$ に半径 $r$ の球面の面積 $4\pi r^2$ を掛けて，次式となる．

$$4\pi r^2 \times \frac{1}{4\pi\varepsilon_0}\frac{q}{r^2} = \frac{q}{\varepsilon_0} \tag{6.14}$$

平行板コンデンサーの極板の面積を $S\,[\mathrm{m^2}]$，極板間隔を $d\,[\mathrm{m}]$ とし，極板の間は真空とする．2 枚の極板上の電荷は一様に分布しているから，極板に与えた電荷を $Q\,[\mathrm{C}]$ とすると，$1\,\mathrm{m^2}$ あたりの電荷は $\dfrac{Q}{S}$ である．この電荷からでる電気力線の数は，式 (6.14) より $\dfrac{Q}{\varepsilon_0 S}$ [本] である．この電気力線は，すべて極板間の方向に出ている．$d$ が極板の大きさに比べて十分小さいときは，極板間には，図 6.10 に矢印で示すように，極板に垂直な方向に一様な電場ができる．この電場の強さ $E$ は，$1\,\mathrm{m^2}$ あたりの電気力線の本数に等しいので，

$$E = \frac{Q}{\varepsilon_0 S} \tag{6.15}$$

となる．このとき極板間の電位差 $V$ は，式 (6.10) より，

$$V = Ed = \frac{d}{\varepsilon_0 S}Q, \quad \text{したがって} \quad Q = \frac{\varepsilon_0 S}{d}V \tag{6.16}$$

となる．したがって，式 (6.13) と比べて，このコンデンサーの電気容量 $C_0$ は，

$$C_0 = \varepsilon_0 \frac{S}{d} \tag{6.17}$$

となる．$\varepsilon_0$ は**真空の誘電率**である．

> 問い　$S = 1.0\,\mathrm{cm^2}$，$d = 0.10\,\mathrm{mm}$ の，平行板コンデンサーの電気容量を求めよ．　　　　　（答: $8.6 \times 10^{-12}\,\mathrm{F} = 8.6\,\mathrm{pF}$）

**誘電体**

図 6.11 において，スイッチ S を閉じておいて電荷を蓄えたのち，S を開いて極板間に絶縁体を入れると，絶縁体の表面に正と負の電荷があらわれる．

## 6.1 電荷・電場・電位・コンデンサー

このように表面に電荷が誘起されるので，絶縁体のことを**誘電体**ともいう．誘電体を入れても，Sが開いているので，コンデンサーに蓄えられている電荷は変わらない．

しかし，誘電体の表面の電荷は，正極側に負の電荷，負極側に正の電荷が誘起されているので，極板の電荷とは逆向きの電場をつくり，誘電体内の電場は弱くなり，電場に比例する極板間の電圧も小さくなる．蓄えられている電荷 $Q$ は変わらず，電圧 $V$ が小さくなるので，式 (6.13) からコンデンサーの電気容量 $C = \dfrac{Q}{V}$ が増したことがわかる．

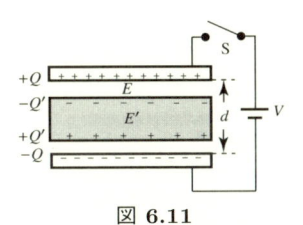

**図 6.11** コンデンサーと誘電体

コンデンサーの電気容量が，真空の場合の値 $C_0$ に比べて $\varepsilon_r$ 倍になったとすると，電気容量 $C$ は次の式で表される．

$$C = \varepsilon_r C_0 = \varepsilon_r \varepsilon_0 \frac{S}{d} = \varepsilon \frac{S}{d} \tag{6.18}$$

$\varepsilon_r$ は絶縁体の**比誘電率**といわれる．また，$\varepsilon = \varepsilon_r \varepsilon_0$ は**誘電率**といわれる．比誘電率の一例を挙げると，雲母は 7.0 である．雲母を挟んだコンデンサーの容量は，間が空気だけの場合の 7 倍である．

> **問い** 100 V で充電したコンデンサーを電源から切り離し，極板間の距離を 2 倍にすると，電圧はどうなるか． (答： 2 倍になる)

**コンデンサーの接続**

コンデンサーの接続の仕方には，図 6.12 のようにつなぐ**並列接続**と，図 6.13 のようにつなぐ**直列接続**がある．複数のコンデンサーの並列接続により，1 個のコンデンサーの場合より多くの電荷を蓄えることができ，直列接続により，大きな電位差に耐えられるようにすることができる．

**並列接続**

図 6.12 において，2 つのコンデンサーの電気容量をそれぞれ $C_1$, $C_2$ とし，これらを電圧 $V$ の電源に接続したとき，$C_1$, $C_2$ に蓄えられる電荷を $Q_1$, $Q_2$ とすると，式 (6.13) より，次式となる．

$$Q_1 = C_1 V, \qquad Q_2 = C_2 V$$

2つのコンデンサーに蓄えられている全体の電荷を $Q$〔C〕とすると，

$$Q = Q_1 + Q_2 = (C_1 + C_2)V \qquad (6.19)$$

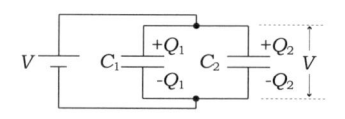

図 **6.12** 並列接続

となる．2つのコンデンサー全体としての電気容量 (合成容量) を $C$ とすると，$Q = CV$ の関係にあるので，上式より，並列接続の合成容量は次式となる．

$$C = C_1 + C_2 \qquad (6.20)$$

同様の導出法を，電気容量が $C_1$，$C_2$，$C_3$，$\cdots$，$C_n$ のコンデンサーを並列接続したときの合成容量を $C$ に適用すれば，合成容量は，次式のようにすべての電気容量の和で与えられる．

$$C = C_1 + C_2 + C_3 + \cdots + C_n \qquad (6.21)$$

**問い** 電気容量が，$1.0\,\mu\mathrm{F}$，$2.0\,\mu\mathrm{F}$，$3.0\,\mu\mathrm{F}$ の3つのコンデンサーを並列接続したときの合成容量を計算せよ．  (答：$6.0\,\mu\mathrm{F}$)

**直列接続**　最初，電荷を蓄えていない2つのコンデンサーを図6.13のように直列接続し，電圧 $V$ の電源に接続して充電する．これらのコンデンサーには，等量の電荷 $Q$ が図のように蓄えられる．合成コンデンサーに蓄えられている電荷は $Q$ である．それぞれのコンデンサーの極板間の電位差を $V_1$，$V_2$ とすると，式 (6.13) により，次の関係が成り立つ．

$$V_1 = \frac{Q}{C_1}, \qquad V_2 = \frac{Q}{C_2} \qquad (6.22)$$

また，それぞれのコンデンサーの電位差の和は電源の電圧に等しいので，$V = V_1 + V_2$ の関係があり，上式を代入して次式がえられる．

$$V = \left(\frac{1}{C_1} + \frac{1}{C_2}\right)Q \qquad (6.23)$$

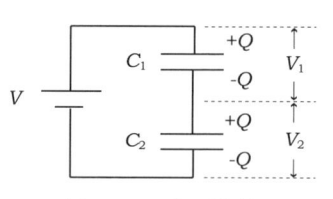

図 **6.13** 直列接続

2つのコンデンサーの合成容量を $C$ とすると，$V = \dfrac{Q}{C}$ の関係にあるから，上式と比べて，次式をえる．

$$\frac{1}{C} = \frac{1}{C_1} + \frac{1}{C_2} \tag{6.24}$$

同様の導出法を，電気容量が $C_1$, $C_2$, $C_3$, $\cdots$, $C_n$ のコンデンサーを直列接続したときの合成容量を $C$ に適用すると，合成容量の逆数は，次式のようにそれぞれの電気容量の逆数の和であることが導かれる．

$$\frac{1}{C} = \frac{1}{C_1} + \frac{1}{C_2} + \frac{1}{C_3} + \cdots + \frac{1}{C_n} \tag{6.25}$$

問い　$1.0\,\mu\mathrm{F}$ と $3.0\,\mu\mathrm{F}$ の2つのコンデンサーを直列接続したときの合成容量を求めよ．また，これを $400\,\mathrm{V}$ の電源につないだとき，それぞれのコンデンサーにかかる電圧を求めよ．(答：$0.75\,\mu\mathrm{F}$, $300\,\mathrm{V}$, $100\,\mathrm{V}$)

## 6.2　電流と抵抗

**導体と絶縁体**　物体には，電気をよく伝えるものと，ほとんど伝えないものとがある．電気をよく伝える物質を**導体**といい，電気を伝えない物質を**絶縁体**(または不導体)という．多くの金属は導体であるが，金属中には，自由に移動することのできる**自由電子**があり，この自由電子の移動によって電気が伝わる．また，酸・アルカリ・塩の水溶液中には正と負のイオンがあり，液体中を自由に移動できるから，これらも電気の導体である．

一方，ガラス，磁器，塩化ビニール，ゴム，紙などは，電子が原子や分子に束縛されていて自由に動くことのできないため，電気を伝えることができず，絶縁体である．

不純物を入れたシリコンやゲルマニウムなどは，自由電子の数が温度に激しく依存し，低温では絶縁体に，高温では金属に近づき，**半導体**とよばれる．

**電流**　酸やアルカリや塩の薄い水溶液に電極を入れて電場をつくると，溶液中の正イオンは電場の向きに，負イオンは電場と反対向きに力を受けて移動する．このような電荷をもった粒子(荷電粒子)の流れを，**電流**という．

図 6.14 のように，ニクロム線のような金属導線を電池の正極と負極の間に接続すると，金属中に電場が生じるから，金属中の自由電子は負電荷をもつので電場と反対向きに移動する．しかし，正イオンは，電子よりはるかに質量が大きく，互いに結びついていて，決まった位置の周りに振動するだけであり，広い範囲に移動することができない．したがって，金属中の電流は，負極から正極に向かう電子の流れである．

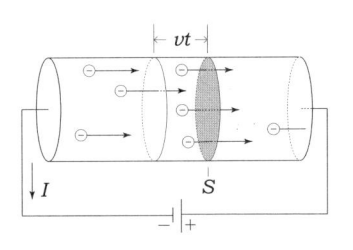

図 **6.14** 電子の流れと電流

このように，電流は正電荷や負電荷をもった粒子の流れであるが，正の荷電粒子が移動する向きを**電流**の向きと決める．この決め方によると，導線の場合，自由電子の移動する向きと反対の向きが，電流の向きとなる．

> **問い** 導線 AB を，A の側から B の側に，毎秒 $-2\,\mathrm{C}$ の電荷が流れている．電流の大きさと向きを示せ．(答：B から A の向きに，2 A の電流)

### 電流の強さ

荷電粒子の流れに垂直な断面を単位時間に通過する電荷で，**電流の強さ** (単に**電流**という) を表す．電流の単位は，1 s の間に 1 C の電荷が移動するとき，この電流を 1 **アンペア** (記号 A) という．すなわち，$1\,\mathrm{A} = 1\,\mathrm{C/s}$ である．

ある断面を通して，$t$ 間に移動する電荷が $Q$ であるとすると，この電流 $I$ は，

$$I = \frac{Q}{t} \tag{6.26}$$

である．また，図 6.14 のように，断面積 $S$ の導体中を電流が流れているとき，荷電粒子の平均の速さを $v$，電荷を $q$，単位面積あたりの荷電粒子の数を $n$ とすると，断面積 $S$ を通って毎秒通過する荷電粒子の数は，体積 $vS$ の中にある荷電粒子の数 $nvS$ となるから，電流の強さ $I$ は，次の式で表される．

$$I = nqvS \tag{6.27}$$

> **問い** 電荷 $e = 1.6 \times 10^{-19}\,\mathrm{C}$ の荷電粒子の密度が $n = 6.0 \times 10^{27}\,\mathrm{m^{-3}}$ の物質がある．この物質でできた断面積 $1.0 \times 10^{-6}\,\mathrm{m^2}$ の一様な導線を 1 A の電流が流れている．粒子の平均速度を求めよ．
> (答：$1.0 \times 10^{-3}\,\mathrm{m/s}$)

## 6.2 電流と抵抗

**オームの法則**

導体を流れる電流と電圧の関係を測定する回路を考える．導体(抵抗)の両端の電圧と電流を測定しようとするとき，電圧計は測定するものと並列に，電流計は直列に接続し，図 6.15 のようにする．ここで，電流計と電圧計の記号の下線は，直流を示す．

導体である金属中を移動する自由電子は，金属中の電場や原子から複雑な力を受けながら運動している．しかし，多くの金属導線の場合，導線を流れる電流 $I$ は，図 6.16 のように，導線の両端の電圧 $V$ に比例し，次の式が成り立つ．

$$I = \frac{V}{R}, \quad \text{または} \quad V = RI \tag{6.28}$$

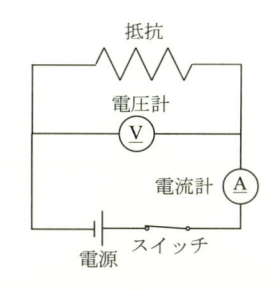

図 **6.15** 抵抗の測定回路

この関係を**オームの法則**という．比例定数 $R$ は，金属導線の材質や長さ・太さ，導線の温度で決まる値であり，**電気抵抗**(または単に**抵抗**)とよばれる．$R$ の値が大きいほど，電流は流れにくい．抵抗に電流が流れているときは，抵抗の両端に必ず電位差が生じていることになる．この電位差を**電圧降下**または単に**電圧**という．

抵抗の単位としては，1 V の電圧をかけたとき 1 A の電流が流れる導線の抵抗を 1 **オーム** ($\Omega$) とする．すなわち

$$1\,\text{V} = 1\,\Omega \times 1\,\text{A} \tag{6.29}$$

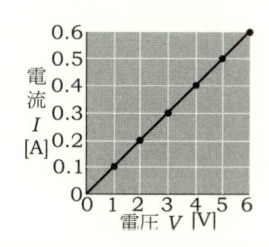

図 **6.16** オームの法則

**問い** 図 6.16 から，この抵抗の抵抗値を求めよ．

(答: $10\,\Omega$)

**抵抗率と温度変化**

物質の抵抗は，導線の長さに比例し，断面積に反比例することが実験で確かめられている．したがって，導線の長さを $l$，断面積を $S$ とすると，

抵抗 $R$ は次の式で表される．

$$R = \rho \frac{l}{S} \tag{6.30}$$

比例定数 $\rho$ は抵抗率とよばれ，物質によって決まる定数である．抵抗率の単位は $[\Omega\cdot m]$ である．

　金属では，自由電子が金属の原子 1 つにおよそ 1 個程度の割合で存在し，温度が変化してもその数はほとんど変化しない．しかし，温度が上昇するほど正イオンである原子の振動が激しくなり，自由電子の運動が妨げられるので，金属導体では，一般に，温度が上昇するほど抵抗率は大きくなる．

　電気的な性質が，導体と絶縁体の中間にある半導体では，電気を運ぶ役目をする自由電子が，導体に比べて非常に少ないので，導体に比べ電流も流れにくく，抵抗率が大きい．しかし，温度が上昇するほど原子に束縛されていた電子がより多く自由電子になり，その結果，電流が流れやすくなり，抵抗率は小さくなる．代表的な半導体は，ゲルマニウム (Ge)，シリコン (Si) などである．

**問い**　銅の抵抗率は 20°C で，$1.7 \times 10^{-8}$ $\Omega\cdot m$ である．長さ 10 m，断面積 1.0 mm$^2$ の銅線のこの温度における抵抗はいくらか．

(答：$1.7 \times 10^{-1}$ $\Omega$)

## 6.3　直流回路

**直流回路の電源**

　図 6.15 の抵抗を測定する回路は，もっとも簡単な直流回路の例である．直流回路では，抵抗を組み合わせた回路に，直流電源から電圧と電流を供給し，そのときの全体の合成抵抗，各抵抗の両端の電圧と流れる電流，回路の発熱などを求めることが課題となる．

　直流回路への電流の供給は，直流安定化電源を用いると便利である．各種の電圧，流せる電流の量など，様々な機種が市販されている．しかし，最も簡便な直流電源は電池である．この電池の使用について注意すべきことに触れる．電池が供給する電圧と電流の関係

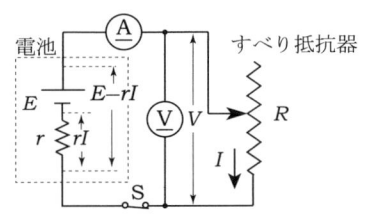

**図 6.17**　電池と内部抵抗

## 6.3 直流回路

を測定する回路を図 6.17 に示す. <u>A</u> は電流計, <u>V</u> は電圧計, すべり抵抗器は矢印の接触点を移動して抵抗値 $R$ を変えることができる. 電池は, **起電力** とよばれる一定の電圧 ($E$ とする) を保って電流を供給する役目をもつが, 内部に小さな抵抗 (これを**内部抵抗**という) $r$ をもっており, 電流 $I$ を電池から供給すると, オームの法則, 式 (6.28) に従って内部で電圧が $rI$ だけ降下する.

したがって, 外から見た電圧は次式となる.

$$V = E - rI \tag{6.31}$$

図 6.18 は, 図 6.17 の回路で, 電流 $I$ に対して, 電圧 $V$ がどのように変わるかを測定した一例である. スイッチ S を開いて電流 $I$ を 0 にすると, $V$ は起電力 $E$ を示す. スイッチ S を閉じて抵抗値 $R$ を小さくしていくと, 電流 $I$ が増加し, 図 6.18 のような測定結果が得られる. このように, 電圧計で測定する電圧 $V$ は直線状に減少し, この直線の勾配から 内部抵抗 $r$ が求められる

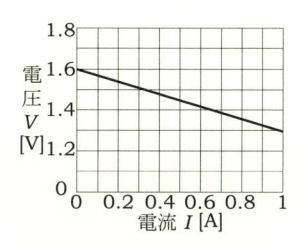

**図 6.18** 電池の電圧と電流

---

**例題 6.2**

図 6.18 のグラフから, 電池の起電力と内部抵抗を求めよ. また, 回路に 1.0 A の電流を流すために必要なすべり抵抗器の抵抗 $R$ の値を求めよ.

---

**解** 電池の起電力を $E$ 〔V〕 は, 電流が 0 の場合の電圧 $V$ であるから, グラフから 1.6 V である. 電圧 $V = 1.3$ V のとき, 電流は $I = 1.0$ A であるから, 内部抵抗を $r$ 〔Ω〕 とすると, 式 (6.31) より, $1.3 = 1.6 - r \times 1.0$. この式から, 内部抵抗は $r = 0.3$ Ω と求まる.

オームの法則を抵抗 $R$ に適用すると, $V = RI$ である. これを式 (6.31) に代入し $R$ を求めると, $R = \dfrac{E}{I} - r = \dfrac{1.6}{1.0} - 0.3 = 1.3$ Ω となる.

**電流計と電圧計**

回路の電流や電圧を簡便に測るのには, テスターを用いる. より精密な測定には, 電流計や電圧計が用いられる. 高価ではあるが, デジタルボルトメータを用いるとデジタルで数値が表示されるので, さらに精密な値が測定できる.

電流計や電圧計は，測定器を流れる電流に比例して指針が振れるようによう になっていて，振れの大きさから，電流や電圧の値を読みとることができる．これらについても，厳密な測定のためには，内部抵抗を考慮する必要がある．

電流計は，回路の電流を測定するところへ直列に接続する．したがって，電流 $I$ が流れるとき，**電流計の内部抵抗 $r$** によって，電池の場合と同じようにオームの法則に従って $rI$ の電圧降下が電流計の内部で起こる．この電圧降下が測定する回路に影響しないよう，回路の抵抗と比べてできるだけ小さい内部抵抗の電流計を選ぶ必要がある．

電圧計は，一部分に電流計を用い，これと直列に大きな抵抗（これが**電圧計の内部抵抗**になる）を接続した構造になっており，この大きな抵抗値と電圧が加えられたときに流れる電流の積が電圧として目盛ってある．電圧計は，回路の 2 点間に並列に接続する．このとき，電圧計にわずかだけれども電流が流れるため，厳密な測定には電圧計に流れる電流の影響を考慮する必要がある．電圧計の内部抵抗が大きいほど，この影響は小さくなる．

**問い** 電流計の指示が 1.0 A のとき，この電流計で 50 mV の電圧降下が測定された．この電流計の内部抵抗を求めよ． （答: $0.050\,\Omega$）

**問い** 内部抵抗が $500\,\Omega$ の電圧計を 図 6.17 の回路で用いると，電圧計の表示が 1.0 V のとき，電圧計にはどれだけの電流が流れるか．
（答: $2.0\,\mathrm{mA}$）

**抵抗の直列接続**

抵抗 $R_1$, $R_2$ を，図 6.19 のように接続した場合を**抵抗の直列接続**という．これらの抵抗を流れる電流を $I$ とする．また，$R_1$, $R_2$ の両端の電圧の値を，それぞれ $V_1$, $V_2$ とすると，2 つの抵抗の電圧を加えたものは電源電圧 $V$ に等しいことと，オームの法則から次式が成り立つ．

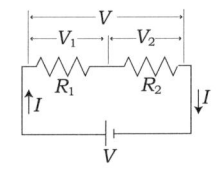

$$V = V_1 + V_2, \quad V_1 = R_1 I, \quad V_2 = R_2 I$$

$R_1 + R_2 = R$ とおくと，上式から $V$ の電源に接続すると，$R_1$, $R_2$ を流れる電流は等しく，

**図 6.19** 直列接続

$$V = V_1 + V_2 = (R_1 + R_2)I = RI \tag{6.32}$$

## 6.3 直流回路

となる．したがって，全体の電圧 $V$ と全体の電流 $I$ の間に $V = RI$ の関係が成り立つので，合成抵抗 $R$ は次式となる．

$$R = R_1 + R_2 \tag{6.33}$$

同様にして，一般に，$n$ 個の抵抗 $R_1, R_2, \cdots, R_n$ を直列接続したときの合成抵抗を $R$ は，次式で与えられる．

$$R = R_1 + R_2 + \cdots + R_n \tag{6.34}$$

**問い** 3個の抵抗，2.0 Ω，4.0 Ω，4.0 Ω を直列に接続したときの，合成抵抗を求めよ． (答: 10.0 Ω)

**抵抗の並列接続**　抵抗 $R_1$，$R_2$ を，図 6.20 のように接続した場合を**抵抗の並列接続**という．電源 $V$ から流れ出る電流を $I$，$R_1, R_2$ を流れる電流をそれぞれ $I_1$，$I_2$ とすると，分岐しても電流の総量は変わらないので，次式が成り立つ．

$$I = I_1 + I_2 \tag{6.35}$$

また，$R_1, R_2$ にオームの法則を適用して，次式が成り立つ．

$$V = R_1 I_1, \qquad V = R_2 I_2 \tag{6.36}$$

式 (6.35) と式 (6.36) より，$I = \left(\dfrac{1}{R_1} + \dfrac{1}{R_2}\right) V$ となる．合成抵抗を $R$ 〔Ω〕とすると，全体の回路に対するオームの法則から $I = \dfrac{1}{R} V$ が成り立つ．したがって，次式が得られる．

$$\frac{1}{R} = \frac{1}{R_1} + \frac{1}{R_2} \tag{6.37}$$

同様にして，一般に，$n$ 個の抵抗 $R_1 + R_2 + \cdots + R_n$ 並列接続したときの合成抵抗を $R$ とすると，次のようになる．

$$\frac{1}{R} = \frac{1}{R_1} + \frac{1}{R_2} + \cdots + \frac{1}{R_n} \tag{6.38}$$

**図 6.20** 並列接続

**問い** 3個の抵抗，2.0 Ω，4.0 Ω，4.0 Ω を並列に接続したときの，合成抵抗を求めよ． (答: 1.0 Ω)

## 例題 6.3

図 6.21 の回路で，AD 間に 12 V の電圧をかけたとき，流れる全電流は何 A か．

**解**

この回路の合成抵抗は，ABD 間の抵抗 ($6+6=12\,\Omega$) と AD 間の抵抗 ($12\,\Omega$) と ACD 間の抵抗 ($6+6=12\,\Omega$) を並列接続した合成抵抗として求められる．したがって，AD 間の合成抵抗 $R$ は次式で求められる．

$$\frac{1}{R} = \frac{1}{6+6} + \frac{1}{12} + \frac{1}{6+6}, \quad \text{したがって} \quad R = 4\,\Omega$$

この合成抵抗の値から，流れる全電流 $I\,[\mathrm{A}]$ は，次のように求められる．

$$I = \frac{V}{R} = \frac{12}{4} = 3\,\mathrm{A}$$

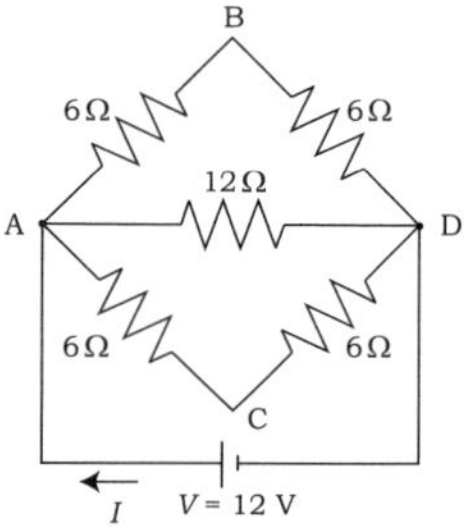

図 6.21

### キルヒホッフの法則

いくつかの電池や抵抗を組み合わせて複雑な回路を構成するとき，回路を流れる電流や，抵抗での電圧降下，電池の起電力の大きさについて，次の**キルヒホッフの法則**が成り立つ．式 (6.34) と式 (6.38) を適用したのでは合成抵抗が求めにくい複雑な回路でも，この法則を用いて，それぞれの抵抗を流れる電流と，抵抗における電圧降下を求めることができる．

☞ **第一法則**：回路のどの分岐点においても，その点に流れ込む電流の和は，その点から流れ出す電流の和に等しい．

☞ **第二法則**：回路内における任意の閉じた経路の任意の向きについて，一巡する道すじに沿う起電力の和は，各抵抗における電圧降下の和に等しい．ただし，起電力は，一巡する向きに電流を流そうとするはたらきをもつときを正とする．

### ホイートストンブリッジ

キルヒホッフの法則の有用性を具体例で示す．図 6.22 の回路は，**ホイートストンブリッジ**とよばれ，高感度・高精度で未知の抵抗値を測定する場合によく用いられる．図において，$R_1$, $R_2$, $R_3$ は抵抗値を変えることができる

## 6.3 直流回路

抵抗で，その大きさがわかっているものとする．G は検流計で流れる電流の値と向きを測る．$R_1$, $R_2$, $R_3$ の大きさを調整して，検流計に流れる電流 $i_G$ が 0 になるように調整し，これらの抵抗値から抵抗 $R_4$ の値を測定できる．

検流計の内部抵抗を $r_G$ とする．B と D が $r_G$ で接続されているため，回路全体の合成抵抗を，抵抗の直列接続と並列接続の式を用いて求めることはできない．しかし，キルヒホッフの法則を用いると，各部分について電圧と電流をすべて求めることができる．ここでは，接続端子 A と C を電圧 $V$ の電源に接続したとき，検流計を流れる電流 $i_G$ を求める．それぞれの抵抗を流れる電流を図のように $i_1$, $i_2$, $i_3$, $i_4$ とする．キルヒホッフの第一法則を，分岐点 A と C，および分岐点 D に適用すると，次の 2 式が得られる．

$$i_1 + i_3 = i_2 + i_4 = I, \qquad i_3 + i_G = i_4 \tag{6.39}$$

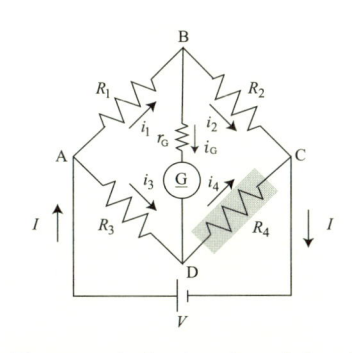

図 **6.22** ホイートストンブリッジ

キルヒホッフの第二法則を閉じた経路，電池-A-B-C-電池，電池-A-D-C-電池，電池-A-B-D-C-電池のそれぞれに適用すると，以下の 3 式が得られる．

$$R_1 i_1 + R_2 i_2 = V, \qquad R_3 i_3 + R_4 i_4 = V, \qquad R_1 i_1 + r_G i_G + R_4 i_4 = V \tag{6.40}$$

これらの式から，$i_1$, $i_2$, $i_3$, $i_4$ を消去して $i_G$ を求めると，次式が得られる．

$$i_G = \frac{R_2 R_3 - R_1 R_4}{R_1 R_2 (R_3 + R_4) + R_3 R_4 (R_1 + R_2) + r_G (R_1 + R_2)(R_3 + R_4)} V \tag{6.41}$$

この式から，検流計の電流 $i_G$ が 0 になるのは分子 $(R_2 R_3 - R_1 R_4)$ が 0 になるときで，次式の関係が成り立つ．

$$R_4 = \frac{R_2 R_3}{R_1} \tag{6.42}$$

$R_1$, $R_2$, $R_3$ の大きさを調整して，検流計に流れる電流が 0 になるようにすれば，これらの抵抗値から抵抗 $R_4$ の値が決定できる．

**問い** $R_1 = 10\,\text{k}\Omega$, $R_2 = 10\,\text{k}\Omega$ のホイートストンブリッジに，未知の抵抗 $R_4$ を接続し，$R_3$ を変化させ $4.0\,\text{k}\Omega$ としたときに，検流計の電流 $i_G$ が 0 になった．$R_4$ の値を求めよ．　　　　(答: $4.0\,\text{k}\Omega$)

### ジュール熱

ニクロム線やタングステン線のような導体に電流を流すと，熱が発生する．これを **ジュール熱** という．電熱器や電気アイロンなどは，ジュール熱を利用している．また，たくさんの部品を使った電子回路では，回路の発熱量を計算し，それに見合う冷却方法を考える必要がある．

ジュール熱と，導体に加えられる電圧や電流との関係を求める．2 点間を電流 $I$ が，時間 $t$ 流れたとき，$q = It$ の電荷が 2 点間を移動したことになる．この 2 点間の電位差を $V$ とすると，式 (6.9) より，(移動した電荷)×(電位差) が流れた電荷が失ったポテンシャルエネルギー $W$ で，$W = qV = VIt$ である．

電流が一定であれば，抵抗体を流れる電子の平均速度は変わらず，平均の運動エネルギーも変わらないので，この失われたエネルギーは力学的エネルギー以外のものに変わる．第 3 章で説明したように，力学的運動で摩擦に抗してする仕事は熱になる．電気抵抗は，電子が導体中を運動するとき，原子の振動運動から受ける摩擦力である．この摩擦力に抗して電子を流すのに使われたエネルギー (仕事) が $W$ で，これはすべて熱になる．この熱が，電流の流れる抵抗で発生するジュール熱である．

すなわち，抵抗 $R\,[\Omega]$ の導線に電圧 $V\,[\text{V}]$ をかけたとき，電流 $I\,[\text{A}]$ が流れたとすると，$t\,[\text{s}]$ 間に発生する熱量 $Q\,[\text{J}]$ は，

$$Q = VIt = RI^2 t = \frac{V^2}{R}t \tag{6.43}$$

となる．ここで，オームの法則 $V = RI$ を用いた．この関係を **ジュールの法則** という．

**問い** $1.0\,\Omega$ の抵抗を，$1.5\,\text{V}$ の電池につないだとき，5 秒間に発生するジュール熱を求めよ．　　　　(答: $11\,\text{J}$)

### 電力と電気量

$Q$ を時間 $t$ で割った電圧と電流の積 $P = VI$ は，電流が単位時間にした仕事を表す．単位時間にする仕事は **仕事率** とよばれるが，電流の場合は，

特に**電力**という．電力の単位は**ワット** [W] を用い，1 W = 1 V·A である．電力 $P$ は，オームの法則より，次のように表すことができる．

$$P = VI = RI^2 = \frac{V^2}{R} \tag{6.44}$$

電力と時間との積 $W = Pt = VIt$ を，**電力量**という．電力の単位に W，時間の単位に s を用いれば，電力量の単位はジュール〔J〕になる．

$$1\,\mathrm{J} = 1\,\mathrm{W} \times 1\,\mathrm{s}$$

実用上，電力量の単位には，**キロワット時**（記号 kW·h）が用いられる．1 kW·h は，1 kW の電力を 1 h 使ったときの電力量である．

> **問い** 1 kW·h は何 J かを示せ． (答: $3.6 \times 10^6$ J )

> **問い** 3.0 V 用，1.0 W の豆電球には，点灯しているとき，何 A の電流が流れるか． (答: 0.33 A)

## 6.4　パルス回路と交流回路

**RCパルス回路**

図 6.23(a) のように，電気抵抗 $R$ とコンデンサー $C$ からなる $RC$ 回路に，パルス幅 $T$，電圧 $E$ の電圧パルス $V_i(t)$ が入力されたとき，コンデンサーの両端の電圧 $V_o(t)$ が，どのように変化するかを求める．

入力パルスの電圧の変化を，図 6.23(b) のように，起電力 $E$ の電池とスイッチ $S_1$ と $S_2$ の操作に置き換えて考える．時刻 $t < 0$ では，$S_1$ はオフ，$S_2$ はオンで，入力電圧は 0 なので，コンデンサーに蓄えられている電荷 $Q(t)$ は 0 である．時刻 $0 \leq t \leq T$ では，$S_1$ はオン，$S_2$ はオフで，入力電圧は $E$ に保たれている．時刻 $t > T$ では，$S_1$ はオフ，$S_2$ はオンで入力電圧は 0 にもどる．

時刻 $0 \leq t \leq T$ での，コンデンサーの両端の電圧 $V_o(t)$ の変化を求める．コンデンサーに蓄えられている電荷を $Q(t)$ とすると，コンデンサーの式 (6.13) より，$V_o(t) = \dfrac{Q(t)}{C}$ である．抵抗 $R$ を通ってコンデンサーに流れ込む電流を $I(t)$ とすると，抵抗の両端の電圧の差は，オームの法則から $RI(t)$ である．抵抗の

両端の電圧の差とコンデンサーにかかる電圧を加えたものは，入力の電圧に等しいので，次式が成り立つ．

$$RI(t) + \frac{Q(t)}{C} = E \tag{6.45}$$

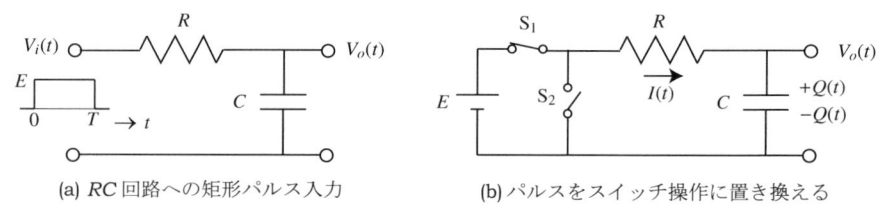

**(a)** $RC$ 回路への矩形パルス入力  **(b)** パルスをスイッチ操作に置き換える

図 **6.23** $RC$ パルス回路

電流 $I(t)$ は，単位時間にコンデンサーに流れ込んで蓄えられる電荷 $\dfrac{dQ(t)}{dt}$ に等しいので，$I(t) = \dfrac{dQ(t)}{dt}$ が成り立ち，式 (6.45) は次式となる．

$$R\frac{dQ(t)}{dt} + \frac{Q(t)}{C} = E \tag{6.46}$$

一定値 $E$ の微分はゼロを考慮すると，この式は次式のように変形できる．

$$\frac{d}{dt}[Q(t) - CE] = -\frac{1}{RC}[Q(t) - CE], \quad \frac{d[Q(t) - CE]}{[Q(t) - CE]} = -\frac{1}{RC}dt \tag{6.47}$$

$y(t) = Q(t) - CE$ とおくと，この方程式は $\dfrac{dy}{y} = -\dfrac{1}{RC}dt$ となる．この両辺を $t = 0$ から任意の $t$ まで積分すると，解 $\ln\left[\dfrac{y(t)}{y(0)}\right] = -\dfrac{1}{RC}t$ を得る．初期条件 $y(0) = -CE$ と，$y(t) = Q(t) - CE$ を代入して，$Q(t)$ を求めると，次式となる．

$$Q(t) = CE\left[1 - \exp\left(-\frac{t}{RC}\right)\right] \tag{6.48}$$

コンデンサーの両端の電圧は $V_o(t) = \dfrac{Q(t)}{C}$ なので，この式に上式の $Q(t)$ を代入して，次式のように $V_o(t)$ が求められる．

$$V_o(t) = E\left[1 - \exp\left(-\frac{t}{RC}\right)\right] \tag{6.49}$$

$V_o(t)$ を図示すると，図 6.24 のようになる．$RC$ は時間の単位で，パルスの幅が $T \gg RC$ を満たせば，パルスの時間内で $V_o(t)$ はパルスの電圧 $E$ に等しくなる．

## 6.4 パルス回路と交流回路

$RC$ は回路が急激な入力電圧の変化に応答する時間の早さを示していて，**時定数**とよばれる．

時刻 $t > T$ では，入力電圧は 0 で，$Q(t)$ の方程式は次式となる．

$$\frac{dQ(t)}{dt} = -\frac{1}{RC}Q(t) \tag{6.50}$$

$t = T$ で $V_o(T) = \dfrac{Q(T)}{C} = E$ の場合を考えると，$t > T$ での $V_o(t)$ は次式となる．

$$V_o(t) = E \exp\left[-\frac{1}{RC}(t - T)\right] \tag{6.51}$$

式 (6.49) と式 (6.51) より，この回路のパルス応答を図示すると，図 6.24 になる．この図のように，急激な入力電圧の変動に回路が定常的な状態に向かって変化することを **過渡現象** という．

図 6.24 において，時刻 $0 < t < T$ の間はコンデンサーの充電，$t > T$ ではコンデンサーの放電が行われる．

時間が時定数より短い $t \ll RC$ の領域では，図 6.23 の回路では出力電圧は入力電圧を積分した形になっており，この回路を $RC$ **積分回路** という．これに対し，以下に示す例題の回路では，出力電圧は入力電圧を微分した形になっており，この回路を $RC$ **微分回路** という．

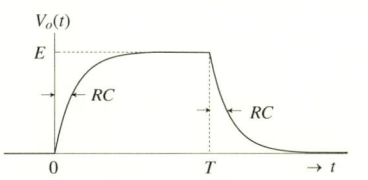

**図 6.24** $RC$ 回路のパルス応答

問い　図 6.23 の回路において，抵抗値が $R = 1.0\,\text{k}\Omega$，コンデンサーの容量が $C = 2.0\,\mu\text{F}$ のとき，時定数を求めよ． (答: 2.0 ms)

問い　図 6.23(b) の回路で $R = 100\,\text{k}\Omega$ の抵抗を用い，$S_2$ をオフにし，$S_1$ を閉じてから $V_o$ が電池の電圧になるまでのおよその時間を測ったところ 0.1 s であった．コンデンサーのおよその容量を求めよ． (答: $1\,\mu\text{F}$)

## 例題 6.4

コンデンサー $C$ と抵抗 $R$ が，図 6.25(a) のように接続された回路に，時刻 $t=0$ で，$0$ から $E$ までステップ状に変化するパルスが入力された．抵抗の両端の出力電圧 $V_o(t)$ を求めよ．

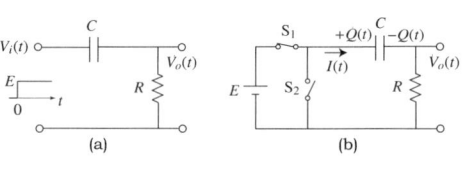

**図 6.25** $RC$ 微分回路

**解** パルス回路を，図 6.25(b) のスイッチ回路に置き換えて考える．時刻 $t<0$ では $S_1$ はオフ，$S_2$ はオンで，コンデンサーに蓄えられている電荷 $Q(t)=0$ で，抵抗を流れる電流も $I(t)=0$ である．

時刻 $t \geq 0$ では，$S_1$ はオン，$S_2$ はオフとなる．抵抗の両端の電圧 $RI(t)$ とコンデンサーの両端の電圧 $\dfrac{Q(t)}{C}$ の和は電圧 $E$ に等しい．また，$I(t)=\dfrac{dQ(t)}{dt}$ の関係があり，次の式が成り立つ．

$$RI(t)+\frac{Q(t)}{C}=E, \qquad R\frac{dQ(t)}{dt}+\frac{Q(t)}{C}=E \tag{6.52}$$

$t=0$ での初期条件を満たす解 $Q(t)$ を求めると，次式となる．

$$Q(t)=CE\left[1-\exp\left(-\frac{t}{RC}\right)\right] \tag{6.53}$$

求める出力電圧は，$V_o(t)=RI(t)=R\dfrac{dQ(t)}{dt}$ の関係に $Q(t)$ を代入して，次式となる．

$$V_o(t)=E\exp\left(-\frac{t}{RC}\right) \tag{6.54}$$

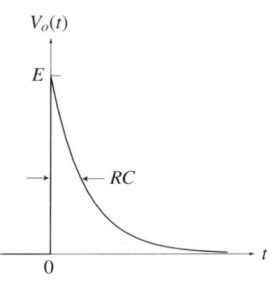

**図 6.26** 微分回路の応答

出力電圧は，図 6.26 のように変化し，パルスが入力した $t=0$ で鋭く立ち上がり，以後，指数関数で減衰する．

### コンデンサーの静電エネルギー

第 3 章において，仕事をする能力をエネルギーと定義した．図 6.24 において，時刻 $t>T$ では，充電されたコンデンサーの電荷が，抵抗 $R$ を通して放電される．抵抗に電流が流れると，抵抗において仕事がなされ，その仕事はすべて熱になることをジュール熱のところで説明した．したがって，充電されたコンデンサーは仕事をする能力があり，エネルギーをもっている．これはコンデンサーの**静電エネルギー**とよばれる．

## 6.4 パルス回路と交流回路

図 6.27(a) の平行板コンデンサーの電気容量を $C$ とすると，極板間の電位差 $V$ と蓄えられている電荷 $Q$ との間には，式 (6.13) より $V = \dfrac{Q}{C}$ の関係があり，この関係を図示すると，図 6.27(b) の直線 OP となる．電荷を失うとともに，この線に沿って電位差が小さくなる．

充電されたコンデンサーに蓄えられているエネルギーを，コンデンサーが放電されるときに失うエネルギーの総和として求める．極板間の電位が $V_i$ のとき，少量の電荷 $\Delta Q$ が正極から負極に移るとき，式 (6.9) より，$\Delta W = \Delta Q \cdot V_i$ のエネルギーを失う．このエネルギーは，図 6.27(b) で，影をつけた部分の長方形の面積に相当する．充電されている電荷 $Q$ を，このようにして $\Delta Q$ ずつ移し，電荷を 0 にするときに失うエネルギーの総量は，図 6.27(b) に描いた長方形の面積の総和になる．$\Delta Q$ を小さくするほどこの計算は精密になり，$\Delta Q \to 0$ の極限では，三角形 OPQ の面積になる．

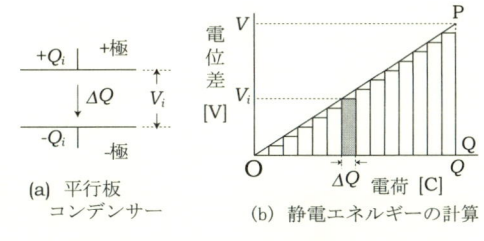

(a) 平行板コンデンサー
(b) 静電エネルギーの計算

図 **6.27** コンデンサーの静電エネルギー

これが，コンデンサーに蓄えられる静電エネルギーである．電荷が $Q$ のときの電位差を $V$ とすると，コンデンサーに蓄えられる静電エネルギー $W$ は，三角形の面積の公式を用い，次式で与えられる．

$$W = \frac{1}{2}QV \quad [\text{J}] \tag{6.55}$$

式 (6.13) の $Q = CV$ の関係を用いると，静電エネルギーは次のようにも表わすことができる．

$$W = \frac{1}{2}QV = \frac{1}{2}CV^2 = \frac{1}{2}\frac{Q^2}{C} \tag{6.56}$$

---

**例題 6.5**

コンデンサーの式 $Q = CV$ と，それを微分して得られる関係 $dQ = C\,dV$ を用い，電位差 $V$ のコンデンサーを微小な電荷 $dQ$ だけ充電するのに要するエネルギー $dW = V\,dQ$ を 0 から $V$ まで積分して，コンデンサーに蓄えられるエネルギーを求めよ．

**解** 求める積分は次式となる.

$$\int_0^V V\,dQ = \int_0^V VC\,dV = \frac{1}{2}CV^2 \tag{6.57}$$

**問い** 電気容量 $0.10\,\mu\text{F}$ のコンデンサーを $400\,\text{V}$ の電源につないで充電するとき，蓄えられるエネルギーは何 J か．（答：$8.0 \times 10^{-3}\,\text{J}$）

### 交流と実効値

電圧や電流が交互に向き（符号）を変える回路を**交流回路**という．家庭に送られてくる商用電源は $100\,\text{V}$ の交流である．時刻 $t$ における交流の電圧 $V(t)$ は，$V(t) = V_0 \cos\omega t$ と表される．$V_0$ は振幅，$\omega$ は角周波数（角振動数），$f = \dfrac{\omega}{2\pi}$ は周波数（振動数）で，関東以東は $50\,\text{Hz}$，中部以西は $60\,\text{Hz}$ である．周期は周波数の逆数で，$T = \dfrac{2\pi}{\omega}$ である．

交流の電源は，図 6.28 のように丸の中に波形を描いて示す．この図のように交流電源を抵抗 $R$ につないだとき流れる電流は，$I(t) = \dfrac{V(t)}{R} = \dfrac{V_0}{R}\cos\omega t \equiv I_0\cos\omega t$ である．

この抵抗で消費される電力は，式 (6.44) より $P(t) = V(t)I(t) = V_0 I_0 \cos^2\omega t$ であり，周期的に変化する．そこで，1 周期で平均して平均電力 $\overline{P}$ を求めると，次式になる．

$$\overline{P} = \frac{1}{T}\int_0^T V_0 I_0 \cos^2\omega t\,dt = \frac{V_0}{\sqrt{2}}\frac{I_0}{\sqrt{2}} \tag{6.58}$$

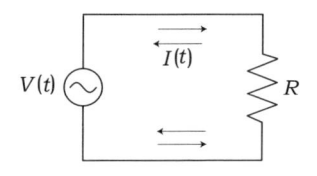

**図 6.28** 交流と抵抗

ここで，$V_0/\sqrt{2}$ と $I_0/\sqrt{2}$ を，それぞれ電圧と電流の**実効値**という．

交流の電圧や電流の大きさを表すには，振幅ではなく，この実効値が用いられる．したがって，商用電源 $100\,\text{V}$ の振幅は，$V_0 = 100 \times \sqrt{2} = 141\,\text{V}$ である．

実効値で電圧と電流を表しておけば，交流の場合の電力も，直流の場合と同じように，式 (6.28) のオームの法則や式 (6.44) の (電力) = (電圧)×(電流) などの関係式が，そのまま適用できて便利である．

### コンデンサーと交流の接続

直流はコンデンサーを通ることはできないが，交流はコンデンサーを介して接続できる．図 6.29 のように，コンデンサー $C$ を介して交流電圧 $V_i(t) = V_0\cos\omega t$ を抵抗 $R$ につないだときの，この抵抗の両端の電圧 $V_R(t)$ を求める．

## 6.4 パルス回路と交流回路

抵抗の両端の電圧 $V_R(t)$ とコンデンサーの両端の電圧 $V_C(t)$ の和は，入力電圧 $V_i(t)$ に等しいので，次式が成り立つ．

$$V_R(t) + V_C(t) = V_i = V_0 \cos\omega t \qquad (6.59)$$

図の矢印方向を正として，抵抗を流れる電流を $I(t)$ とすると，オームの法則，式 (6.28) から $V_R(t) = RI(t)$ である．コンデンサーに蓄えられる電荷 $Q(t)$ の単位時間当たりの変化は，抵抗を流れる電流に等しいので，$I(t) = \dfrac{dQ(t)}{dt}$ が成り立つ．したがって，$V_R(t) = R\dfrac{dQ(t)}{dt}$ となる．コンデンサーの容量を $C$ とすると，式 (6.13) より $V_C(t) = \dfrac{Q(t)}{C}$ が成り立つ．

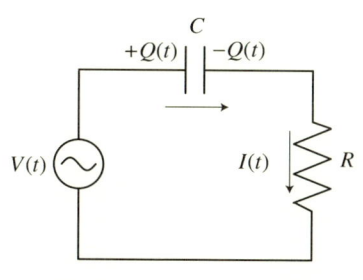

**図 6.29** コンデンサー接続

これらの関係を用いて，式 (6.59) を $Q(t)$ の方程式で表すと，次式となる．

$$R\frac{dQ(t)}{dt} + \frac{Q(t)}{C} = V_0 \cos\omega t \qquad (6.60)$$

この回路には，角周波数 $\omega$ で振動する，上式の右辺の電圧が絶えず加えられている．したがって，コンデンサーに蓄えられている電荷も同じ周波数で振動する．そこで，この方程式の解が $Q(t) = Q_0 \cos(\omega t - \varphi)$ となると仮定して，$Q_0$ と $\varphi$ を求める．$\varphi$ は，入力に対して回路の応答の遅れを表す．この $Q(t)$ の式を方程式に代入して整理すると，次式がえられる．

$$\left[RQ_0\omega\sin\varphi + \frac{Q_0}{C}\cos\varphi - V_0\right]\cos\omega t + \left[-RQ_0\omega\cos\varphi + \frac{Q_0}{C}\sin\varphi\right]\sin\omega t = 0 \qquad (6.61)$$

この式がいつも成り立つためには，$\cos\omega t$ と $\sin\omega t$ の係数が両方ともゼロにならなければならない．たとえば，$t = 0$ のときは $\cos(0) = 1$，$\sin(0) = 0$ で，$\cos\omega t$ の係数が $0$ にならなければならない．また，$\omega t = \dfrac{\pi}{2}$ の時は $\cos\left(\dfrac{\pi}{2}\right) = 0$，$\sin\left(\dfrac{\pi}{2}\right) = 1$ で，$\sin\omega t$ の係数が $0$ にならなければならない．$\sin\omega t$ の係数がゼロの条件から，次式が求められる．

$$\tan\varphi = RC\omega, \qquad \cos\varphi = \frac{1}{\sqrt{1 + (\omega RC)^2}} \qquad (6.62)$$

これを，$\cos\omega t$ の係数がゼロの条件に用いて，$Q_0$ を求めると，次式が得られる．

$$Q_0 = \frac{CV_0}{\sqrt{1+(\omega RC)^2}} \tag{6.63}$$

これから，回路を流れる電流 $I(t) = dQ(t)/dt$ は次式となる．

$$I(t) = \frac{dQ(t)}{dt} = \frac{\omega CV_0}{\sqrt{1+(RC\omega)^2}} \cos\left(\omega t - \varphi + \frac{\pi}{2}\right) \tag{6.64}$$

コンデンサーと抵抗の両端の電位差は，それぞれ次式となる．

$$V_C(t) = \frac{Q(t)}{C} = \frac{V_0}{\sqrt{1+(\omega RC)^2}} \cos(\omega t - \varphi) \tag{6.65}$$

$$V_R(t) = RI(t) = \frac{\omega RCV_0}{\sqrt{1+(\omega RC)^2}} \cos\left(\omega t - \varphi + \frac{\pi}{2}\right) \tag{6.66}$$

$\omega$ が小さい低周波数領域では，電流の振幅は 0 に近づき，電流が流れなくなる．高周波では，入力電圧はそのまま抵抗にかかり，振幅 $V_0/R$ の電流が流れる．

$\varphi$ は入力電圧に対するコンデンサーの電位差の位相の遅れを表す．低周波になるとともに 0 に近づき，高周波では $\pi/2$ に近づく．電流の位相の遅れは $(\varphi - \pi/2)$ で，低周波では $\pi/2$ だけ位相が進んでいて，高周波では位相差はなくなる．この回路は，高周波 (high-frequency) ほどよく通すので，ハイパスフィルターとよばれる．入力電圧と抵抗の両端の電圧差を図 6.30 に図示する．

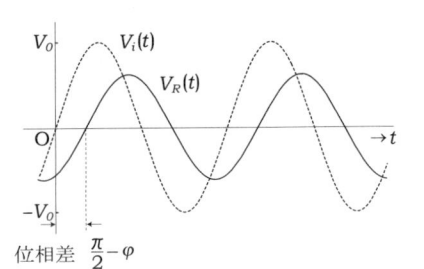

**図 6.30** $V_i(t)$ と $V_R(t)$

### インダクター

これまで，抵抗 $R$ とコンデンサー $C$ について学んだが，これらとは別のはたらきをする回路部品に，導線をコイル状に巻いた**インダクター**とよばれるものがある．これは，第 7 章で学ぶ電磁誘導を利用しているが，ここでは，インダクターを電流 $I(t)$ が流れると，その両端に電流の時間微分に比例して

$$V(t) = L\frac{dI(t)}{dt} \tag{6.67}$$

と表される電圧が生じる回路部品と理解しておこう．比例係数 $L$ を**インダクタンス**とよぶ．

## 6.4 パルス回路と交流回路

インダクタンスの単位は，毎秒 1 A の電流変化に対して，1 V の電圧を生じるインダクターのインダクタンスが 1 ヘンリー (記号 H) と決められている．

**LC 共振回路**

図 6.31 の回路は，図 6.29 の回路にインダクタンス $L$ のインダクターを付け加えた回路である．コンデンサーに蓄えられている電荷を $Q(t)$, 抵抗とインダクターを流れる電流を $I(t)$ とすると，$I(t) = \dfrac{dQ(t)}{dt}$ が成り立つ．

コンデンサー，抵抗，インダクターの両端の電圧はそれぞれ，$\dfrac{Q(t)}{C}$, $RI(t)$, $L\dfrac{dI(t)}{dt}$ である．これらを加えたものは入力電圧 $V_i(t) = V_0 \cos\omega t$ に等しいので，次式が成り立つ．

$$L\frac{dI(t)}{dt} + RI(t) + \frac{Q(t)}{C} = V_0 \cos\omega t \quad (6.68)$$

$I(t) = \dfrac{dQ(t)}{dt}$ の関係を用いて $Q(t)$ の方程式にすると，次式がえられる．

$$L\frac{d^2Q(t)}{dt^2} + R\frac{dQ(t)}{dt} + \frac{Q(t)}{C} = V_0 \cos\omega t \quad (6.69)$$

この回路にはこの式右辺の角振動数 $\omega$ の電圧が定常的に加えられていて，流れる電流もこれと同じ角振動数をもった定常解をもつ．そ

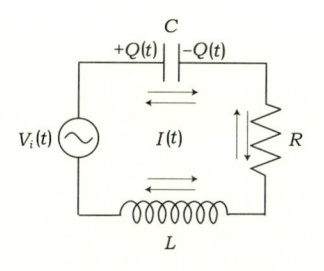

**図 6.31** LC 共振回路

れを求めるために，$Q(t) = \dfrac{I_0}{\omega}\sin(\omega t - \varphi)$ とおき，これを上式に代入して $I_0$ と $\varphi$ を求める．この $Q(t)$ を $t$ で微分すると $I(t) = I_0\cos(\omega t - \varphi)$ となり，$I_0$ と $\varphi$ は，それぞれ電流の振幅および電流の入力電圧に対する位相の遅れになっている．

式 (6.62) と式 (6.63) と同じようにして解いて，次式がえられる．

$$I_0 = \frac{V_0}{\sqrt{R^2 + \left(\omega L - \dfrac{1}{\omega C}\right)^2}} \quad (6.70)$$

$$\tan\varphi = \frac{\omega L - \dfrac{1}{\omega C}}{R} \quad (6.71)$$

式 (6.70) の $I_0$ を $\omega$ に対して図示すると，図 6.32 のようになり，角振動数 $\omega_r = \dfrac{1}{\sqrt{LC}}$ で，高さ $\dfrac{V_0}{R}$ のピークを示す．抵抗値 $R$ が小さいほどピークは鋭く，$R = 0$ では無限大になる．$\omega_r$ を **共振の角振動数** という．

式 (6.70) の分母

$$Z = \sqrt{R^2 + \left(\omega L - \frac{1}{\omega C}\right)^2} \quad (6.72)$$

を，この回路のインピーダンス (または **交流抵抗**) とよぶ．

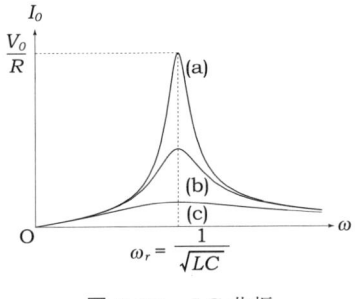

図 **6.32** *LC* 共振

> **問い** 図 6.31 の回路で，$V_0 = 2.0\,\mathrm{V}$, C=$10\,\mu\mathrm{F}$, $R = 10\,\Omega$, $L = 1.0\,\mathrm{mH}$ のとき，共振の角振動数，共振の角振動数における電流値を求めよ． (答: $1.0 \times 10^4\,\mathrm{rad/s}$, $200\,\mathrm{mA}$)

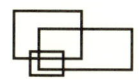

# 章末問題

**6.1** 一辺の長さが $r$ の正三角形の頂点に，下図のように，それぞれ $Q_1$，$Q_2$，$Q_3$ の電荷がある．

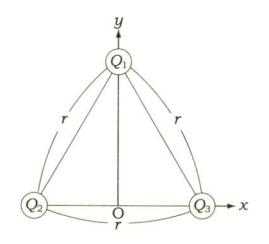

(1) $Q_1$ のある頂点の位置での電場の $x$ 成分 $E_x$ と，$y$ 成分 $E_y$ および強さ $E$ を求めよ．

(2) $Q_1$ の受けるクーロン力の $x$ 成分 $F_x$ と，$y$ 成分 $F_y$ および大きさ $F$ を求めよ．

$$\begin{pmatrix} 答：(1) & E_x = \dfrac{Q_2 - Q_3}{8\pi\varepsilon_0 r^2},\ E_y = \dfrac{\sqrt{3}(Q_2 + Q_3)}{8\pi\varepsilon_0 r^2}, \\ & E = \dfrac{(Q_2^2 + Q_2 Q_3 + Q_3^2)^{\frac{1}{2}}}{4\pi\varepsilon r^2}. \\ (2) & F_x = \dfrac{Q_1(Q_2 - Q_3)}{8\pi\varepsilon_0 r^2},\ F_y = \dfrac{\sqrt{3} Q_1(Q_2 + Q_3)}{8\pi\varepsilon_0 r^2}, \\ & F = \dfrac{|Q_1|(Q_2^2 + Q_2 Q_3 + Q_3^2)^{\frac{1}{2}}}{4\pi\varepsilon r^2}. \end{pmatrix}$$

**6.2** $x$ 軸上の $d$ の位置に $+Q$ の電荷，$-d$ の位置に $-Q$ の電荷があるとき，$x$ 軸上の任意の位置 $x$ における電位 $V(x)$ を求め，概略を図示せよ．ただし，$Q > 0$．

$$\left( 答： V(x) = \dfrac{Q}{4\pi\varepsilon_0}\left(\dfrac{1}{|x-d|} - \dfrac{1}{|x+d|}\right) \right)$$

**6.3** 下図のように,抵抗値 $R$ の抵抗とダイオード D を起電力 $E$ の直流電源に接続する.ダイオードの両端に,図のように電圧 $V$ をかけると,矢印の方向に流れる電流 $I$ との関係は $I = I_0[\exp(aV) - 1]$ と表される.ただし,$I_0$ と $a$ は正の定数である.$I$ と $V$ の関係を図示し,図の回路でダイオードに流れる電流 $i$ と両端の電圧 $v$ を作図によって求めよ.

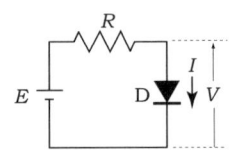

$\begin{pmatrix} \text{答:} & \text{ダイオードの電流と電圧の関係 (これを} \\ & \textbf{ダイオードの特性} \text{という) を図示すると,} \\ & \text{図の実線になる.ダイオードを電流 } i \text{ が} \\ & \text{流れると,抵抗の両端の電圧は } Ri \text{ とな} \\ & \text{る.したがって,ダイオードの両端の電} \\ & \text{圧 } v \text{ は } v = E - Ri \text{ となる.この関係は} \\ & \text{図の点線の実線となる.この点線とダイ} \\ & \text{オードの特性曲線との交点から,この回路で実現される電流と電} \\ & \text{圧が求められる.} \end{pmatrix}$

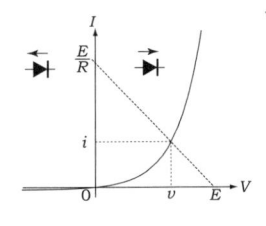

**6.4** 図のような,コンデンサー $C$ と抵抗 $R$ からなる回路がある.時刻 $t < 0$ で一定値 $E$ であった入力電圧 $V_i(t)$ が,$t \geq 0$ で 0 になった.$t \geq 0$ での出力電圧 $V_0(t)$ の時間変化を求め,図示せよ.

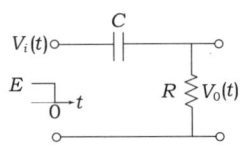

$\begin{pmatrix} \text{答:} & t < 0 \text{ では,コンデンサーの両端の電圧} \\ & \text{は } E \text{ で,コンデンサーに蓄えられてい} \\ & \text{る電荷は } Q(t) = CE \text{ である.} t = 0 \text{ で} \\ & V_i(0) = 0 \text{ になっても,この瞬間ではコン} \\ & \text{デンサーに電荷は残っているので } Q(0) = \\ & CE \text{ で,両端の電圧は入力側を 0 として} \\ & Q/C = E \text{ であり,反対の極の電圧,す} \\ & \text{なわち } V_0(0) \text{ は } -E \text{ である.この初期} \\ & \text{条件で,方程式 } R\,dQ/dt + Q/C = 0 \text{ を解き } Q(t) \text{ を求めると,} \\ & V_0(t) = R\,dQ/dt = -E\exp(-t/RC) \text{ となる.} \end{pmatrix}$

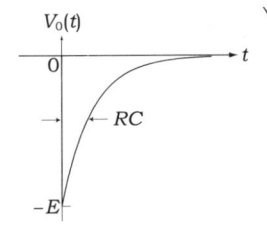

# 第7章　電場と磁場

## 7.1　電流と磁場

**磁石と磁気力**

図 7.1(a) に示すように，ゼムクリップなどの鉄を磁石が引き付ける性質を**磁気**という．磁石の示す磁気は両端で最も強く，その部分を磁石の**磁極**という．図 7.1(b) のように，磁石を糸で水平につるすとき，地球の北をさす磁極を **N 極**，南をさす磁極を **S 極** という．N 極と S 極は，必ず対になっている．図 7.1(c) に示すように，棒磁石を半分に切断すると，N 極と S 極それぞれの反対側には S 極と N 極が現れ，電荷と異なり，磁気の単独の磁極は存在しない．磁極間にはたらく力は**磁気力**とよばれ，磁気力についても電気力と同じような法則が成り立つ．すなわち，

(1) 同種の磁極間には反発力がはたらき，異種の磁極間には引力がはたらく．
(2) 磁気力の強さは，各磁極の強さの積に比例し，磁極間の距離の 2 乗に反比例する．

これを，**磁気力に関するクーロンの法則** という．

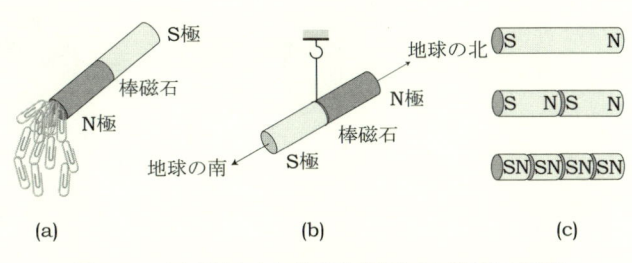

図 **7.1**　(a) 磁気 (b) 地球と磁石 (c) 磁石の切断

強さの等しい2つの磁極を真空中で 1m 離して置き，磁極間にはたらく力の大きさが $\dfrac{10^7}{(4\pi)^2}$ N$= 6.33\times 10^4$ N であるとき，これらの磁極の強さは，1 ウェーバ (記号 Wb) と定義する．したがって，強さが $Q_m$ 〔Wb〕と $Q'_m$ 〔Wb〕の磁極を真空中で $r$ 〔m〕離して置いたとき，磁極間にはたらく力の大きさ $F$ 〔N〕は，次式で与えられる．

$$F = \frac{1}{4\pi\mu_0}\frac{Q_m Q'_m}{r^2} \tag{7.1}$$

$\mu_0$ は**真空の透磁率**とよばれ，定義より，次の値となる．

$$\mu_0 = 4\pi\times 10^{-7}\ \text{Wb}^2/\text{N·m}^2 = 1.26\times 10^{-6}\ \text{Wb}^2/\text{N·m}^2 \tag{7.2}$$

**問い** 等しい強さの2つの磁極を真空中で 10 cm だけ離して置いたところ，磁極間に $6.3\times 10^2$ N の力がはたらいた．この磁極の強さを求めよ．
(答: 0.010 Wb)

**磁場と磁力線**

磁極間に力がはたらき合うのは，磁極の周囲に磁気力を伝える性質を帯びた空間ができるためである．このような磁気力の及ぶ性質を帯びた空間を，**磁場**または**磁界**という．ある点の磁場を，そこに置いた 1 Wb の磁極の受ける力で定義する．力はベクトルであるから，磁場もベクトルで，その向きは，磁石の N 極が受ける力の向きと決める．磁石の S 極が受ける力の向きは，磁場の向きと反対である．磁場の強さとしては，1 Wb の磁極が受ける力の大きさが 1 N であるとき，1 ニュートン毎ウェーバ (記号 N/Wb) とする．

磁気力は磁極の強さに比例するので，磁極の強さ $Q_m$ 〔Wb〕の N 極が，$F$ 〔N〕の磁気力を受けるとき，これを $Q_m$ で割れば 1 ウェーバあたりの磁気力，すなわちその点における磁場 $H$ 〔N/Wb〕が次式のように求められる．

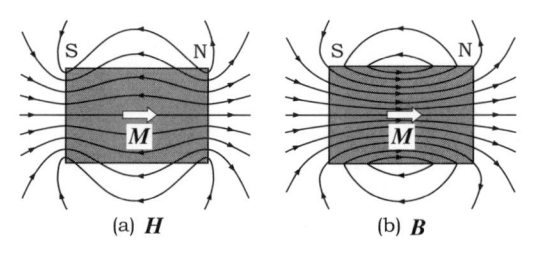

図 **7.2** 棒磁石 (a) 磁場 $H$ (b) 磁束密度 $B$

$$H = \frac{F}{Q_m} \tag{7.3}$$

## 7.1 電流と磁場

電気力線と同じように，磁場の中の各点で N 極が受ける力の向きが接線となるように描いた曲線を，**磁力線** という．磁力線は磁場と同じ向きである．棒磁石のまわりの磁場 $H$ が，磁力線を用いて図 7.2(a) に示してある．磁力線には，電気力線と同じように次の性質がある．

(1) 磁場の向きが磁力線の接線の向きである．したがって，磁力線は N 極から S 極へ向かう枝分かれのない曲線である．
(2) 磁場の強さは，単位面積あたりの磁力線の数に（磁力線の密度）に比例する．

> **問い** 磁極の強さが 0.02 Wb の S 極が，磁界から西向きに 2 N の力を受けた，磁界の向きと大きさを求めよ．(答: 東向きに $1 \times 10^2$ N/Wb)

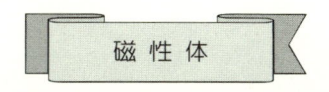

**磁性体**

鉄に磁石を近づけると，磁石のまわりの磁場によって，鉄の両端に N 極と S 極が表れる．このように，磁場の中においた物体の両端に，N 極と S 極があらわれる現象を**磁気誘導**という．このとき，物体は **磁化**されたといい，S 極から N 極への向きを磁化の向きという．磁極の強さを $Q_m$，磁極の間隔を磁化の向きも考慮し，ベクトル $l$ であらわすとき，

$$m = Q_m l \tag{7.4}$$

を**磁気モーメント**という．磁気モーメントの単位は〔Wb·m〕である．

物体の単位体積あたりの磁気モーメントを，**磁化の強さ**（または，単に**磁化**）という．物体の体積を $v_m$ とすると，磁化を表すベクトルは，次式で与えられる．

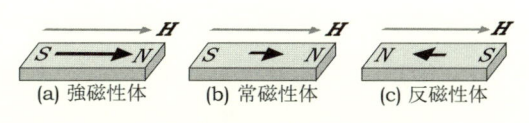

図 7.3 磁場 $H$ 中での物体の磁化
(a) 強磁性体  (b) 常磁性体  (c) 反磁性体

$$M = \frac{m}{v_m} \tag{7.5}$$

磁化の単位は〔Wb/m$^2$〕である．

図 7.3 に，磁場中に物体を置いたときの様子が示してある．物体中の矢印の長さは磁化の強弱を示す．物体は，磁化のされ方によって次の 3 種類に分類される．図 7.3(a) のように，磁場の向きに強く磁化され，加えた磁場を取り除いて

も自発的な磁化が残る物質を **強磁性体** (鉄・ニッケル・コバルトなど), 図7.3(b) のように, 磁場の向きに弱く磁化される物質を **常磁性体** (アルミニウム・空気など), 図7.3(c) のように, 磁場と逆向きに弱く磁化される物質を **反磁性体** (銅・水など) という.

問い　長さ 10 cm, 断面積 1 cm$^2$, 磁極の強さ 0.02 Wb の磁石の磁気モーメントと磁化を求めよ.
(答: 磁気モーメントは 0.002 Wb·m, 磁化は $2 \times 10^2$ Wb/m$^2$)

**磁束密度**

真空中の磁束密度を, 次式で定義する.

$$B = \mu_0 H \tag{7.6}$$

磁性体がある場合は, 磁束密度は次式で定義する.

$$B = \mu_0 H + M \tag{7.7}$$

細長い棒磁石の場合, 磁石の N 極に $+Q_m$ の磁極が, S 極に $-Q_m$ の磁極がある. したがって, 磁場 $H$ の様子は, 図6.6(b) の正負の電荷の電場 $E$ と同じで, 図7.4に示す曲線のようになる. $+Q_m$ を囲む球面 $S$ 上で磁場 $H$ を積分すると, 電場の場合のガウスの定理式 (6.7) に対応して, 次式が得られる.

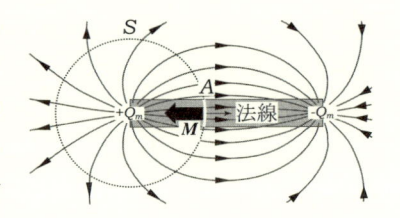

図 **7.4**　球面上の磁場の積分

$$\int_S H_n \, dS = \frac{Q_m}{\mu_0} \tag{7.8}$$

ここで, 添え字 $n$ は, 球面の法線方向の成分を表す.

$M$ は磁石の中だけで 0 でないので, 球面 $S$ 上での磁化 $M$ の積分には, 図7.4に示す棒磁石の断面積 $A$ の部分だけが寄与する. 図に示すように, 球面の法線と磁化は逆向きなので, この部分の積分は負の値で, $-MA$ となる. 棒磁石の長さを $l$ とすると, 棒磁石の磁気モーメントは式 (7.4) より $m = Q_m l$, 体積は $v_m = Al$ である. これらを式 (7.5) に代入すると, $M = \dfrac{m}{v_m} = \dfrac{Q_m}{A}$ となり, 磁化 $M$ の球面上の積分は, 次式となる.

$$\int_S M_n \, dS = -MA = -Q_m \tag{7.9}$$

## 7.1 電流と磁場

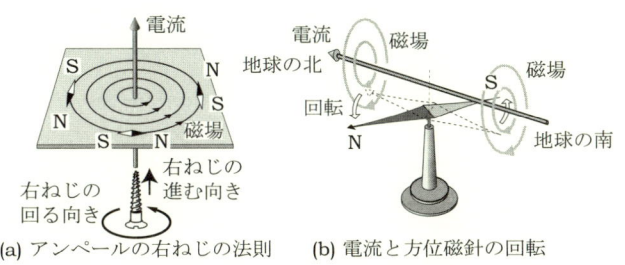

**(a) アンペールの右ねじの法則**　　**(b) 電流と方位磁針の回転**
**図 7.5**　直線電流の作る磁場と方位磁針による実験

式 (7.7) の磁束密度を球面 $S$ 上で積分すると，式 (7.8), (7.9) より，次式のようにゼロになる．

$$\int_S B_n\,dS = \mu_0 \int_S H_n\,dS + \int_S M_n\,dS = \mu_0 \frac{Q_m}{\mu_0} - Q_m = 0 \tag{7.10}$$

ここでは，長い棒磁石の場合について示したが，この式は任意の形状の磁性体，任意の形状の閉じた曲面について成り立つことを示せる．

閉じた曲面上での磁束密度 $B$ の積分が 0 ということは，曲面の中に入る $B$ の量は，曲面から出て行く $B$ の量に等しいことを意味している．実際，棒磁石について，磁束密度 $B$ を，式 (7.7) にしたがって計算すると，図 7.2(b) のようになり，$B$ は連続である．

$B$ の単位は〔Wb/m$^2$〕であるが，通常 T (テスラ) が用いられる．T と Wb/m$^2$ の関係は，$1\,\text{T} = 1\,\text{Wb/m}^2$ である．

**電流のつくる磁場**

直線状の導線に電流 (**直線電流**) を流すと，図 7.5(a) のように，直線電流を中心軸として，そのまわりにそれと垂直な面内で，同心円状の磁場ができる．この磁場の磁力線の向きは，電流の向きを右ねじの進む向きにとると，右ねじの回る向きになっている．これを**アンペールの右ねじの法則**という．

このことを実験で確かめるには，図 7.5(b) のように，南北に向いて静止した磁針の上に，磁針と平行に南北に導線を直線状に張り，導線に電流を流すと，磁針は南北方向とある傾きをなして静止する．これは，電流が磁場をつくり，その磁場から，磁針の N 極は西側に，S 極は東のほうに力を受けるためである．詳しい実験により，十分に長い直線電流がつくる磁場の強さ $H$〔N/Wb〕は，電流の強さ $I$〔A〕に比例し，導線からの距離 $r$〔m〕に反比例して，次の式で表さ

$$H = \frac{I}{2\pi r} \tag{7.11}$$

ここで，**磁場の単位**について触れる．この式の右辺から，磁場の単位は〔A/m〕となる．磁極の受ける力を基にした磁場の単位は〔N/Wb〕であり，1 Wb=1 N·m/A となる．この関係から，磁束密度 $B$ の単位は，1 T=1 Wb/m$^2$ = 1 N/A·m，真空の透磁率 $\mu_0$ の単位は，Wb$^2$/N·m$^2$ = N/A$^2$ とも書くことができる．単独の磁極は存在せず，磁場の起源は電流なので，〔A〕を用いた単位が多く用いられている．

問い 10 A の直線電流から 2.0 cm 離れた位置における磁場と磁束密度の強さを求めよ．　　(答: 80 A/m(N/Wb), $1.0 \times 1.0^{-4}$ T(Wb/m$^2$))

問い 図7.5(b) において，電流をつぎの向きに流すとき，N極の振れる向きを答えよ．(1) 磁針の真上で北から南 (2) 磁針の真下で北から南 (3) 磁針の中央真下で東から西　(答: (1) 東 (2) 西 (3) 振れない)

**ビオサバールの法則**

直線電流が全体でつくる磁場は，直線電流の各部分の電流のつくる磁場の加え合わせたものである．したがって，電流の各部分のつくる磁場がわかれば，任意の形状の電流のつくる磁場が求められる．

電流の各部分がつくる磁場は，**ビオサバールの法則**を用いて計算できる．ビオサバールの法則によると，図7.6において，電流が流れる経路の任意の点Pでの電流の方向に沿った微小な距離 $ds$ の部分が，Pから距離 $r$ 離れたところにつくる磁束密度 $d\boldsymbol{B}$ は，次式で与えられる．

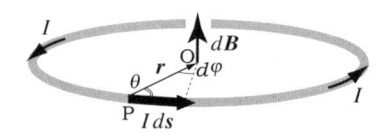

**図7.6** 円電流と磁束密度

$$d\boldsymbol{B} = \frac{\mu_0 I\, d\boldsymbol{s} \times \boldsymbol{r}}{4\pi r^3} \tag{7.12}$$

具体例として，図7.6において，電流は半径 $r$ の円電流とし，その中心 O の磁束密度を求める．ベクトル積 $d\boldsymbol{s} \times \boldsymbol{r}$ の方向は，中心軸に沿って上向きである．大きさは，$d\boldsymbol{s}$ と $\boldsymbol{r}$ は直交するので，$\theta = 90$ 度であり，$ds \cdot r$ となる．中心 O から $ds$ を見込む角を $d\varphi$ とすると，$ds = r\,d\varphi$ である．したがって，式(7.12)よ

## 7.1 電流と磁場

り，中心軸に沿って上向きの磁束密度の強さは次式になる．

$$dB = \frac{\mu_0 I}{4\pi r} d\varphi \tag{7.13}$$

この式を，円に沿って一周積分，すなわち $\varphi = 0$ から $2\pi$ まで積分すると，円の中心の磁束密度が求められ，次式となる．

$$B = \frac{\mu_0 I}{2r} \tag{7.14}$$

ビオサバールの法則を用いれば，円の中心ばかりでなく，任意の形状の電流に対し，任意の点の磁場を求めることができる．

**問い** 半径 10 cm の円周を 10 A の電流が流れている．中心における磁場と磁束密度の強さを求めよ．
(答：磁場は 50 A/m，磁束密度は $6.3 \times 10^{-5}$ T(Wb/m))

**アンペールの法則**

式 (7.11) の両辺に $2\pi r$ をかけると，右辺は電流 $I$，左辺は $2\pi rH$ となるが，$H$ は図 7.5(a) に示すように円周に沿っているので，$2\pi rH$ は (円周)×(磁場) で，円周に沿った磁場の積分 $\int_C H\,ds$ に等しい．このことは，円周に限らず任意の閉曲線 $C$ に沿った磁場の積分について成り立つことが証明されている．式で表すと，電流を取り囲む閉曲線 $C$ について

$$\oint_C \boldsymbol{H} \cdot d\boldsymbol{s} = I \tag{7.15}$$

が成り立ち，これを**アンペールの法則**という．積分記号についた○は，閉じた曲線に沿って一周積分することを示している．

**ソレノイド**

円筒のコイル状に導線を密着させて巻いたものを，**ソレノイド**という．これは，絶縁した円電流を多数重ね合わせたものと考えてよい．

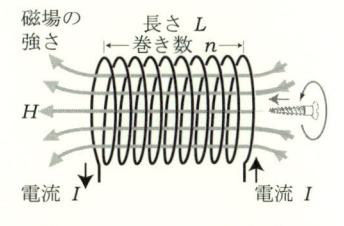

**図 7.7** ソレノイドと磁場

ソレノイドコイルに電流を流したとき，例題に示すように，その内部には図 7.7 のように，コイルの軸と平行に一様な磁場が生

じる．その向きは，円電流の場合と同じように，電流の流れる方法に右ねじを回したとき，ねじが進む方向である．

ソレノイドコイルの内部に生じる磁場の強さ $H$〔A/m〕と流す電流の強さ $I$〔A〕との関係は，1m あたりの巻数を $n$〔回/m〕として，次式で与えられる．

$$H = nI \ \text{〔A/m〕} \tag{7.16}$$

この磁場は巻数 $n$ に比例しているので，ソレノイドは $n$ を大きくして，電流を用いて強い磁場を発生するのに用いられる．

図 7.7 は中空であるが，この中に強磁性体を入れたものは**電磁石**とよばれ，中空の場合に比べて非常に強い磁場を発生できる．

---

**例題 7.1**

アンペールの法則を用いて，式 (7.16) を導け．

---

**解**

ソレノイドは非常に長いので，無限に長いとみなし，磁場はソレノイドの中心軸に平行な成分のみをもつものとする．図のソレノイド内の長方形の経路 abcd にアンペールの法則，式 (7.15) を適用する．磁場はソレノイドの中心軸に平行なので，経路 bc と da に沿った積分はゼロで，ab と cd に沿った積分は $H_{ab}\overline{ab} - H_{cd}\overline{cd}$ となる．この経路は電流を囲んでいないので，これはゼロに等しく，$\overline{ab} = \overline{cd}$ なので，$H_{ab} = H_{cd}$ となり，ソレノイドの内部では磁場 $H$ は一定である．

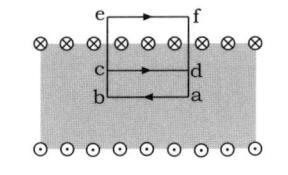

**図 7.8**

次に，コイルの導線を囲む経路 abef に沿って積分すると，be と fa に沿った積分は磁場に垂直でゼロである．無限に長いソレノイドでは，磁場はコイルの外ではゼロなので，磁場の経路に沿った積分は $H\overline{ab}$ となる．経路は，$n\overline{ab}$ 本の電流を囲んでいるので，$H\overline{ab} = nI\overline{ab}$ であり，$H = nI$ が導かれる．

**磁束**　図 7.9(a) のように，磁束密度 $B$ の一様な磁場の中に，断面積が $S = ab$，辺の長さがそれぞれ $a, b$ の長方形の 1 巻コイルを磁場と垂直に置くとき，$BS$ はコイルを貫く**磁束**といわれる．ここで，磁束を $\varPhi$ とあらわすと

$$\varPhi = BS \tag{7.17}$$

の関係がある．磁束の単位は N·m/A(=Wb) である．

## 7.1 電流と磁場

図 7.9(b) のように，このコイルを，コイル面の法線が磁束密度 $B$ と角 $\theta$ をなすように置くとき，磁束密度の方向に垂直な面積の成分，すなわち磁束が貫く有効な面積は $a \times b\cos\theta = ab\cos\theta = S\cos\theta$ となるので，コイルを貫く磁束 $\Phi$〔Wb〕は，次式で与えられる．

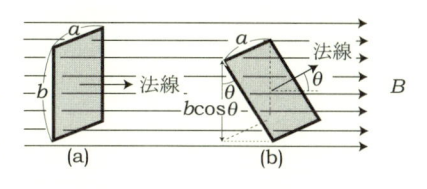

図 **7.9** コイルを貫く磁束

$$\Phi = BS\cos\theta \tag{7.18}$$

この式は，長方形だけでなく，円など任意の形状の面積 $S$ について成り立つ．

**電磁誘導**

図 7.10 のように，コイルに棒磁石を出し入れすると，コイルに電流が流れる．電流の流れる向きは，出すときと入れるときとで逆である．また，棒磁石を動かさないと，電流は流れない．棒磁石を出し入れするとコイルを貫く磁束が変化するが，この事実は，そのとき電流が流れる，いいかえれば起電力が生じることを示している．

このように，コイルを貫く磁束が時間変化し，コイルに起電力が発生する現象を **電磁誘導** といい，このとき発生する起電力を **誘導起電力** という．また，コイルを含む回路が閉じているとき，流れる電流を **誘導電流** という．

さらに，棒磁石やコイルの出し入れする速さを変えたり，コイルの断面積や巻数を変えて詳しく調べると，次のようなことがわかる．

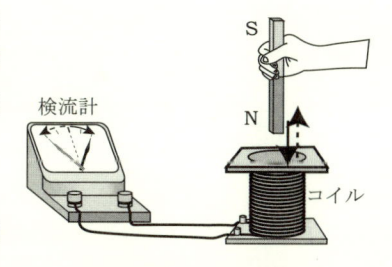

図 **7.10** 電磁誘導

**(1)** 誘導起電力は，誘導電流のつくる磁場がもとの磁束の変化を妨げるような向きに生じる（レンツの法則）．

**(2)** 誘導起電力の大きさは，コイルを貫く磁束の時間的な変化の割合に比例する．

これを **ファラデーの電磁誘導の法則** という．

1巻きコイルを貫く磁束が，$\Delta t$〔s〕間に $\Delta\Phi$〔Wb〕だけ変化するとき発生する誘導起電力 $V$〔V〕は，ファラデーの電磁誘導の法則に従って，次のように表

される。

$$V = -\frac{\Delta \Phi}{\Delta t} \tag{7.19}$$

負の符号は，磁束の変化を妨げる方向に電流が流れることを示していて，レンツの法則に対応している．

$N$ 回巻いたコイルに発生する誘導起電力は，1 巻き当りの起電力が $N$ 個直列につながっているので，次式となる．

$$V = -N\frac{\Delta \Phi}{\Delta t} \tag{7.20}$$

---

**例題 7.2**

右図 7.11(a) は，断面積 10 cm$^2$，巻数 400 回の空芯のソレノイドである．外部から磁場をかけて，内部の磁束密度を図 7.11(b) のように時間変化させるとき，検流計 G に流れる電流の向きを示せ．また，端子 AB 間の起電力 $V_{AB}$ の変化の様子をグラフで示せ．ただし，図 7.11(a) のコイル内部を左から右に向かう磁束の向きを正とする．

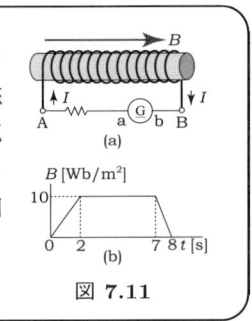

図 7.11

---

**解**

レンツの法則から，磁束の変化を妨げる方向に誘導電流が流れるので，電流は検流計を，$t = 0 \sim 2$ s では b から a へ，$t = 7 \sim 8$ s では a から b へ流れる．$t = 2 \sim 7$ s の間は磁束の変化がないので，電流は流れない．ソレノイドを貫く磁束 $\Phi$ の大きさの時間変化を図 7.12 に細い実線で示す．

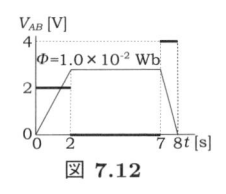

図 7.12

$t = 2 \sim 7$ s では，磁束は $\Phi = 10 \times 10 \times 10^{-4} = 1.0 \times 10^{-2}$ Wb で変化しないから，誘導起電力は発生しない．$t = 0 \sim 2$ s では，電磁誘導の式 (7.20) より，起電力の大きさは，$V_{AB} = 400 \times \dfrac{1.0 \times 10^{-2}}{2.0} = 2.0$ V，$t = 7 \sim 8$ s では，$V_{AB} = 400 \times \dfrac{1.0 \times 10^{-2}}{1.0} = 4.0$ V．

以上から，図 7.12 のようなグラフになる．

---

**磁場中を動く導線と起電力**

図 7.13(a) のように，磁束密度 $B$ の一様な磁場と垂直な平面内に，コの字形の導線 edcf を置く．cd の長さは $l$ とする．直線状の導線を a と b でそれぞれ cf, de に接しながら，辺 cd と平行を保って一定の速さ $v$ で動かす．

## 7.1 電流と磁場

導線 ab が白矢印の向きに速さ $v$ で進むとき、回路 abcd の面積は、時間 $\Delta t$ の間に $lv\Delta t$ だけ増すから、回路を貫く磁束は

$$\Delta\Phi = Blv\Delta t$$

だけ増す。したがって、回路に生じる誘導起電力の大きさ $V$ は、

**図 7.13** (a) 起電力 (b) はたらく力

$$V = \left|-\frac{\Delta\Phi}{\Delta t}\right| = Blv \tag{7.21}$$

で与えられる。この起電力は、誘導電流 $I$ を、a から b の向きに流そうとする。

距離 $l$ でこの起電力 $V$ が生じているので、式 (6.10) より、導線 ab には次式の電場が生じていることになる。

$$E = \frac{V}{l} = vB \tag{7.22}$$

電場 $E$ があると、電荷 $e$ は力 $eE$ をうけるので、正電荷 $e$ は図 7.13(b) に示すように、力

$$f = evB \tag{7.23}$$

を受ける。負電荷 $-e$ は、図 7.13(b) に示すように、反対方向の力を受ける。

**ローレンツ力**

図 7.13 には、磁束密度と電荷の速度の方向が垂直な場合を示しているが、電荷 $e$ が、磁束密度 $\boldsymbol{B}$ の中を、速度 $\boldsymbol{v}$ で運動しているときは、ベクトル積で表される次式の力

$$\boldsymbol{f} = e\boldsymbol{v} \times \boldsymbol{B} \tag{7.24}$$

を受ける。これを**ローレンツ力**という。力の向きは、図 7.13(b) に示すように、$\boldsymbol{v}$ から $\boldsymbol{B}$ の方向に回したとき、右ねじの進む方向である。$\boldsymbol{v}$ と $\boldsymbol{B}$ のなす角度を $\theta$ とすると、ローレンツ力の大きさは $f = evB\sin\theta$ である。

---

**例題 7.3**

向きも考えてベクトルで表した電流 $\boldsymbol{I}$ が、磁束密度 $\boldsymbol{B}$ の磁場より受ける力を求めよ。

**解** 荷電粒子の電荷を $e$，平均の速度を $\boldsymbol{v}$，粒子数密度を $n$ とし，導線の断面積を $S$ とすると，電流に沿った長さ $l$ の部分には $nSl$ 個の荷電粒子があり，式 (7.24) より，この部分が磁場から受ける力 $\boldsymbol{F}$ は，$nSle\boldsymbol{v} \times \boldsymbol{B}$ である．第6章の式 (6.27) より，電流は $\boldsymbol{I} = nSe\boldsymbol{v}$ である．したがって，この部分の電流の受ける力は

$$\boldsymbol{F} = l\boldsymbol{I} \times \boldsymbol{B} \tag{7.25}$$

である．

**電場のつくる磁場**

コンデンサーが充電されつつある場合，図 7.14 に示すように，コンデンサーの正極に電流 $I$ が流れ込み，負極から同じ値の電流が流れ出ている．このように，交流的には電流はコンデンサーを通過する．電流の流れる導線の周りには，アンペールの法則，式 (7.15) にしたがって磁場 $H$ が生じている．この法則は，任意の閉じた経路，任意の電流について成り立つことを述べた．コンデンサーの極板間には電流は流れていないが，コンデンサーの極板間の部分を中心とする円周上でも磁場は生じている．そこで，コンデンサーの極板間における量で電流に相当するものを求め，アンペールの法則が，コンデンサーがある場合でも成り立つように拡張する．

コンデンサーに蓄えられている電荷 $Q$ と電流 $I$ との間には $I = \dfrac{dQ}{dt}$ の関係がある．コンデンサーの容量を $C$，極板間の電圧を $V$ とすると，式 (6.13) より $Q = CV$ の関係があり，式 (6.17) より $C = \dfrac{\varepsilon_0 S}{d}$ の関係がある．これらより $I = \dfrac{\varepsilon_0 S}{d}\dfrac{dV}{dt}$ となる．式 (6.10) より，電場は $E = \dfrac{V}{d}$ である．ここで，次式で**電束密度** $D$ を定義する．

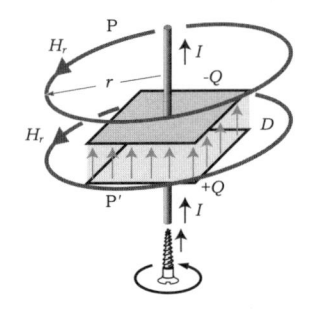

$$D = \varepsilon_0 E \tag{7.26}$$

図 **7.14** 変位電流

この電束密度を用いると，導線を流れる電流 $I$ と電束密度の間には次式が成り立つ．

$$I = S\dfrac{dD}{dt} \tag{7.27}$$

$\dfrac{dD}{dt}$ は**変位電流**（**電束電流**）とよばれる．この変位電流が，コンデンサーの極板間の周りに磁場をつくると解釈すれば，アンペールの法則をコンデンサーの

## 7.1 電流と磁場

極板間にも適用できる．面積 $S$ を面積積分の記号で表すと $S = \int dS$ であり，$\dfrac{dD}{dt}$ が場所によらず一定であるので積分記号の中に入れて，式(7.27)は

$$I = \int \left(\frac{dD}{dt}\right) dS \tag{7.28}$$

となる．

アンペールの法則(式(7.15))の電流にこの式を代入すると，次式が成り立つ．

$$\oint \boldsymbol{H} \cdot d\boldsymbol{s} = \int \frac{dD}{dt} dS \tag{7.29}$$

電流が流れている場合も含めるため電流を加え，また，積分の外に時間微分を出すと，次式になる．

$$\oint \boldsymbol{H} \cdot d\boldsymbol{s} = I + \frac{d}{dt} \int D \, dS \tag{7.30}$$

この式が，拡張された**アンペールの法則**である．この式は，**電場の時間変化（変位電流）によって，磁場が円状に生じる**ことを示している．

**磁場のつくる電場**

図 7.15 のように，強さが時間変化する一様な磁束密度 $B$ の中の点 O を中心として半径 $r$ の円状の回路がある．回路を貫く磁束 $\Phi$ は，面積 $(\pi r^2) \times$ 磁束密度 $(B)$ である．曲線に囲まれた面の面積を求める計算を $\pi r^2 = \int dS$ で表すと，$\Phi = \pi r^2 B = \int B \, dS$ である．

磁束密度が時間変化すると，円回路の一部から取り出した導線の両端には，ファラデーの電磁誘導の法則，式(7.19)にしたがって起電力 $V$ が生じる．この起電力は式(6.10)より，円の経路に沿った電場の強さ $E$ に，経路の長さ $2\pi r$ を掛けた $2\pi r E$ に等しい．円周を積分の形式で $2\pi r = \oint ds$ と表すと，ファラデーの電磁誘導の法則は次式のように表される．

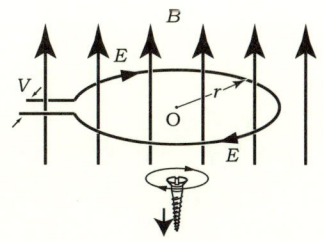

**図 7.15** 磁場の変化と電場

$$\oint \boldsymbol{E} \cdot d\boldsymbol{s} = -\frac{d}{dt} \int B \, dS \tag{7.31}$$

この式は，**磁場の時間変化によって，電場が円状に生じる**ことを示している．右辺の負符号のため，円状の電場の向きに回したとき右ねじが進む向きと反対

の方向の磁場が増加したとき，右ねじを回す方向に電場が生じている．

**マクスウェル方程式**　電場に関するガウスの法則の式 (6.7)，磁束密度に関する面積分の式 (7.10)，アンペールの法則の式 (7.30)，電磁誘導の法則の式 (7.31) をまとめて，積分形で書いて**マクスウェルの方程式**という．これらを記すと

$$\int_S D_n \, dS = \sum_i Q_i \tag{7.32}$$

$$\int_S B_n \, dS = 0 \tag{7.33}$$

$$\oint_C \boldsymbol{H} \cdot d\boldsymbol{s} = \sum_i I_i + \frac{d}{dt}\int_S D_n \, dS \tag{7.34}$$

$$\oint_C \boldsymbol{E} \cdot d\boldsymbol{s} = -\frac{d}{dt}\int_S B_n \, dS \tag{7.35}$$

となる．これらの方程式の特徴は，電場と磁場という場の量を互いに関係づける場の方程式になっていることと，電場と磁場の間に対称的な方程式が成り立つことである．

**電磁波**　マクスウェルの方程式を解くと，電場と磁場が互いにエネルギーを交換しながら，真空中を伝わる波の解がえられる．これを**電磁波**という．

第 4 章で説明したようにテレビやラジオの電波，光などは電磁波である．マクスウェルの方程式を解いて，波の解を導くには長い計算が必要なので，ここでは，最も簡単な電磁波が，マクスウェルの方程式を満たしていることを示す．

最も簡単な電磁波を考え，電場 $E$ は，$z$ 軸方向に進む，振幅 $E_0$，波長 $\lambda$，振動数 $\nu$，変位は $x$ 方向の横波

$$E_x(z,t) = E_0 \sin\left(\frac{2\pi}{\lambda}z - 2\pi\nu t\right) \tag{7.36}$$

とする．これに対し，磁場は，波長と振動数は同じで，磁束密度の振幅が電場の振幅と $B_0 = \sqrt{\varepsilon_0\mu_0}E_0$ の関係にあり，変位の方向が $y$ 方向の横波

$$B_y(z,t) = \sqrt{\varepsilon_0\mu_0}E_0 \sin\left(\frac{2\pi}{\lambda}z - 2\pi\nu t\right) \tag{7.37}$$

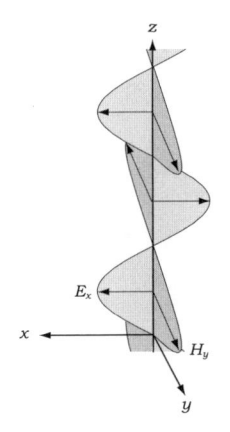

図 **7.16**　電磁波

## 7.1 電流と磁場

とする．ここで，真空中の電磁波の速度 $c = \nu\lambda$ は，真空の誘電率 $\varepsilon_0$，真空の透磁率 $\mu_0$ と次式の関係にあるものとする．

$$c = \frac{1}{\sqrt{\varepsilon_0\mu_0}} \tag{7.38}$$

各辺が，それぞれ $x$, $y$, $z$ 軸と平行な小さな立方体について式 (7.36) と式 (7.37) を，式 (7.32) と式 (7.33) の左辺に代入して積分すれば，これらの関係式が成り立っていることが確かめられる．任意の大きさと形状の体積は，これを小さな立方体に分けて考えれば，これらの式は同様に成り立っていることがいえる．

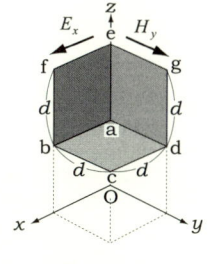

つぎに，図 7.17 のように，一辺の長さが $d$ の小さな正方形の面積にマクスウェルの方程式を適用する．図の $x$-$z$ 面内の小さな正方形 abfe にアンペールの法則，式 (7.34) を適用する．磁場は経路に直角なので，左辺の積分は 0 になる．電場は面に平行なので，右辺の面積分はゼロになる．したがって，両辺とも 0 で，アンペールの法則は成り立っている．

図 **7.17**

この面に，周囲をまわる向きを aefb として，電磁誘導の法則，式 (7.35) を適用する．ef の $z$ 座標を $z+d$，ba の $z$ 座標を $z$ とする．左辺の積分は，波長に比べ $d$ が小さいとすると，$E_x(z+d,t)d - E_x(z,t)d = \dfrac{2\pi d^2}{\lambda}E_0\cos\left(\dfrac{2\pi}{\lambda}z - 2\pi\nu t\right)$ である．右辺の積分は，$2\pi d^2\nu\sqrt{\varepsilon_0\mu_0}E_0\cos\left(\dfrac{2\pi}{\lambda}z - 2\pi\nu t\right)$ となる．$\dfrac{1}{\nu\lambda} = \sqrt{\varepsilon_0\mu_0}$ なので，両辺は等しい．つまり，光も含めて，電磁波の速さが式 (7.38) であれば，マクスウェルの方程式が満たされることを示している．

同様に，図 7.17 の面 abcd，面 adgf についても，マクスウェルの方程式が満たされることが示される．任意の面についても，これを小さな正方形面に分けて考えれば，マクスウェルの方程式が満たされることを示せる．

**問い** 真空の誘電率 $\varepsilon_0 = 8.85 \times 10^{-12}$ C$^2\cdot$m$^2$ および真空の透磁率 $\mu_0 = 1.26 \times 10^{-6}$ N/A$^2$ より，$\dfrac{1}{\sqrt{\varepsilon_0\mu_0}}$ を計算せよ．(答: $2.99 \times 10^8$ m/s)

## 7.2 電場と磁場の中での荷電粒子の運動

**電場中の荷電粒子**

図 7.18 の電子銃と示した部分では，加熱された電子がフィラメント F から放出される．F と電極 K との間には，高電圧 $V_h$ が加えられていて，放出された電子は電極 K に向かって加速される．電極の間の中間で，電極の端にある点 O に空いた小さな穴を通り抜けた電子は，$x$ 方向の一定の速さ $v_0$ をもっている．この速さ $v_0$ は，電子の電荷を $-e$，質量を $m$ として，力学的エネルギーの保存則 $\frac{1}{2}mv_0^2 = eV_h$ より，$v_0 = \sqrt{\dfrac{2eV_h}{m}}$ である．

電子が飛び出す時刻を $t = 0$，始めの速さを $v_0$，電極の間隔を $a$，電極間にかけられている電圧を $V_a$ とする．電子は A から B の向きの強さ $E = \dfrac{V_a}{a}$ の電場の中を運動する．重力の影響は無視して，座標軸を図のようにとって，電場の中の電子の運動を考える．

電子の電荷 $-e$ は負であるから，電場から受ける力は図の $y$ 軸の正の方向で，大きさは $F = eE$ である．$x$ 方向，$y$ 方向の電子の速度をそれぞれ $v_x, v_y$ とすると，運動方程式は次式となる．

$$m\frac{dv_x}{dt} = 0, \qquad m\frac{dv_y}{dt} = eE \tag{7.39}$$

これらの方程式は，力 $mg$ を $eE$ に置き換えれば，水平に投げられたあと一定の重力 $(mg)$ を受けて落下する放物体の場合と同じ形になっている．したがって，

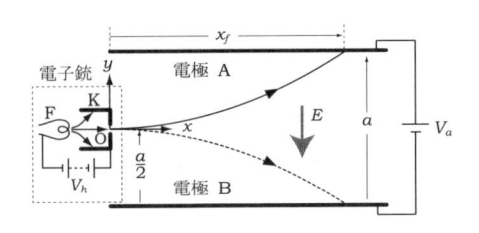

図 **7.18** 電場中の荷電粒子

## 7.2 電場と磁場の中での荷電粒子の運動

放物体の場合と同じように解けば，速度は次のように求められる．

$$v_x(t) = v_0, \qquad v_y(t) = \frac{eE}{m}t \tag{7.40}$$

これらの速度から時刻 $t$ における位置を求めると，次式を得る．

$$x(t) = v_0 t, \qquad y(t) = \frac{eE}{2m}t^2 \tag{7.41}$$

これらの式から $t$ を消去して電子の運動の軌跡を求めると，次式となる．

$$y = \frac{eE}{2mv_0^2}x^2 \tag{7.42}$$

この解より，電子は電場中を図の実線のような放物線を描いて運動することがわかる．電子が正極 A に到達するときの $x$ 座標 $x_f$ は，上の式で $y = \dfrac{a}{2}$ とおいて，次式となる．

$$x_f = \sqrt{\frac{mv_0^2 a}{eE}} \tag{7.43}$$

正の電荷をもった粒子は，図 7.18 の点線のように，電子とは反対の方向に運動する．

**問い** 電子が O を出てから電極に達するまでの時間を求めよ．

$$\left(\text{答}: \sqrt{\frac{ma}{eE}}\right)$$

**磁場中の荷電粒子** 図 7.19 のように，磁束密度 $B$ の一様な磁場中で，磁場と垂直に運動する荷電粒子は，速度と磁場に垂直な方向にローレンツ力を受け，このローレンツ力が向心力となり，以下に導くように，荷電粒子は磁場中で等速円運動をする．

質量 $m$，電荷 $-e$ の電子が，速度 $\boldsymbol{v} = (v_x, v_y, 0)$ で，$x$-$y$ 面内を運動している場合を考える．磁束密度は $z$ 方向で $\boldsymbol{B} = (0, 0, B)$ である．ローレンツ力 $\boldsymbol{f}$ は式 (7.24) より，$\boldsymbol{f} = (-eBv_y, eBv_x, 0)$ となる．したがって，電子の運動方程式は

$$m\frac{dv_x}{dt} = -eBv_y, \qquad m\frac{dv_y}{dt} = eBv_x \tag{7.44}$$

となる．前の式を時間微分して後の式を代入すると，

$$\frac{d^2 v_x}{dt^2} = -\left(\frac{eB}{m}\right)^2 v_x \tag{7.45}$$

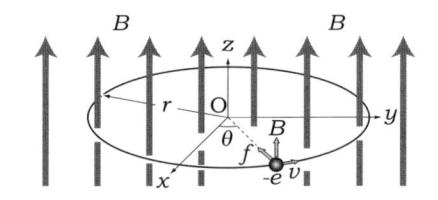

**図 7.19** 磁場中の荷電粒子

となる．これは単振動と同じ型の方程式で，初期条件，$t=0$ で $v_x=0$, $v_y=v_0$ とすると，$v_x(t)=-v_0\sin\omega t$, $v_y(t)=v_0\cos\omega t$ となる．ただし，

$$\omega = \frac{eB}{m} \tag{7.46}$$

である．$f_c = \dfrac{\omega}{2\pi}$ を，**サイクロトロン周波数**という．位置と速度の関係 $\dfrac{dx}{dt}=v_x$, $\dfrac{dy}{dt}=v_y$ の右辺に速度の式を代入して，$x$, $y$ の方程式を記すと

$$\frac{dx}{dt} = -v_0\sin\omega t, \qquad \frac{dy}{dt} = v_0\cos\omega t \tag{7.47}$$

となる．初期条件 $t=0$ で，$x(0)=r_0$, $y(0)=0$ とすると，$x$ と $y$ は，次式のように求められる．

$$x(t) = r_0\cos\omega t, \qquad y(t) = r_0\sin\omega t \tag{7.48}$$

ただし，次式の関係が成り立たなければならない．

$$r_0 = \frac{v_0}{\omega} = \frac{mv_0}{eB} \tag{7.49}$$

初速度 $v_0$ で磁場に垂直に入射した電子は，一定の半径 $r_0$ で等速円運動をするが，この式からその半径と角速度が求められる．

はじめの速度が，$x$-$y$ 面内では $v_0$ で，$z$ 軸方向に $v_{z0}$ で図 7.19 の磁場内に入射する電子は，$x$-$y$ 面内では上で解いたのと同じ円運動をし，$z$ 軸方向には速度 $v_{z0}$ の等速直線運動をする．したがって，電子はらせん（螺旋）運動をする．

**問い** 10 T の磁場中の電子のサイクロトロン周波数を求めよ．
(答：$2.80\times 10^{11}$ Hz)

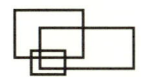

# 章　末　問　題

**7.1** 間隔 $d$ の 2 本の無限とみなせるほど，長い平行な導線 A と B を電流が流れている．A を流れる電流の強さは $I$, B を流れる電流の強さは $I'$ である．

(1) 導線 A が導線 B の位置につくる磁束密度の強さを，アンペールの法則を用いて求めよ．

(2) $I$ と $I'$ が同じ方向の場合と，反対の方向の場合とについて，導線 A と B の間にはたらく力の方向と大きさを求めよ．

$$\left(\begin{array}{l} \text{答：(1)}\ \dfrac{\mu_0 I}{2\pi d} \\ \quad (2)\ \text{同じ方向の場合は引力が，反対の方向の場合は斥力が，2}\\ \qquad \text{つの導線を直角に結ぶ線の方向にはたらく．導線の長さ}\ l \\ \qquad \text{あたりの力の大きさは，}\ \dfrac{\mu_0 l I I'}{2\pi d}\ \text{である} \end{array}\right)$$

**7.2** 図のように，電流 $I$ が $x$ 軸上を $-$ の方向から，中心が原点 O の半径 $r$ の半円形の導線に流れ込み，$x$ 軸上を $+$ の方向に流れている．半円形の中心 O における磁場と磁束密度の向きと強さを，ビオサバールの法則を用いて求めよ．

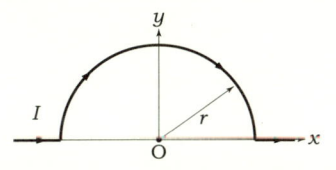

$$\left(\begin{array}{l} \text{答：半直線部分は，O での磁界には寄与しない．半円形部分}\\ \quad \text{について計算し，磁場は}\ H = \dfrac{I}{4r},\ \text{磁束密度は}\ B = \dfrac{\mu_0 I}{4r} \end{array}\right)$$

**7.3** $x$ 軸に沿って正の方向に，一定の速度 $v$ で運動する電荷 $q$ の粒子がある．この粒子が原点 O を通過するとき，O からの距離 $R$ の正の $x$ 軸上の点 P での変位電流を求めよ．

$$\left(\text{答：}\ \dfrac{dD}{dt} = \dfrac{qv}{2\pi R^3}\right)$$

**7.4** 下図のように，磁束密度 $B$ の鉛直上向きの一様な磁界中に，コの字形導線 cdef を水平に置き，その上に質量 $m$ の導線棒を乗せ，電気的に ab で接触させながら，de と平行を保って滑らせる．

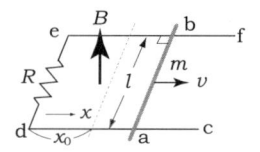

(1) 導線棒に力を加え，一定の速度 $v$ で滑らせたとき，抵抗の両端に生じる起電力の大きさ，抵抗 $R$ を流れる電流の向きと大きさを求めよ．

(2) 時刻 $t = 0$ で，位置 $x = x_0$ にある導線棒に初速度の大きさ $v_0$ を与えて放した．任意の時刻における導線棒の速さ $v(t)$ を求めよ．

(3) (2) の場合，導線棒が止まるまでに抵抗で発生したジュール熱を求めよ．

答：(1) 起電力の大きさは $Blv$．抵抗を流れる電流の向きは d から e で，大きさは $\dfrac{Blv}{R}$．

(2) 導線棒は，流れる電流を $I(t)$ とすると，磁場から力 $BlI$ の力を $-x$ 方向に受ける．したがって，導線棒の運動方程式は $m\dfrac{dv}{dt} = -\dfrac{B^2l^2}{R}v$．この方程式を解いて，任意の時刻の速さは $v(t) = v_0 \exp\left(-\dfrac{B^2l^2}{mR}t\right)$

(3) 単位時間に発生するジュール熱は $RI^2 = \dfrac{B^2l^2}{R}v^2(t)$．これを，$t = 0$ から $t = +\infty$ まで積分して，発生するジュール熱は $\dfrac{1}{2}mv_0^2$ となる．これは，はじめに導体棒がもっていた運動エネルギーに等しい

# 第8章 量子化学入門

## 8.1 前期量子論

**古典論と量子論**

19世紀末までは，運動の法則に代表されるニュートン力学，および電磁気現象をまとめたマクスウェルの電磁気学で，あらゆる物理現象は説明がつくと思われていた．しかし，20世紀が近づいてくると，これらでは説明のつかない実験結果[13]がいくつも得られ出した．このような未知の現象に対して，20世紀初頭まで新たな物理学の枠組みが構築されていった．それがこの章でその一端を扱う**量子力学**という体系である．これと対比して，それまでの力学や電磁気学などは，まとめて**古典力学**とよばれている．量子力学をもとに，原子だけでなく分子にも応用するようになって生まれたのが**量子化学**である．

量子力学は，これまで扱ってきたニュートン力学や電磁気学とは異なり，現象を直接目にすることが少ないこと，用いる数学や確率解釈などの概念的なむずかしさもあり，直感的な理解がむずかしくなっている．これらをしっかり解説するには，本書の範囲を超えてしまうため，ここでは正確な理解より定性的にその大枠を眺めることに主眼をおくことにする．特に，薬学を学ぶ学生として，物理学的な素養として最低限必要となるであろう内容に絞って解説する．したがって，難解な計算についてはいちいち解説せず，結果のみを例示していくことにする．

まずは，量子力学が歴史的にどのような変遷を辿って生まれてきたかを概観しながら，個々の内容についての説明を行っていく．

---

[13] 高温の炉から出てくる光のスペクトル，低温域での固体の比熱の振る舞いや光電効果とよばれる現象，等々である．

## プランクの量子仮説

19世紀末ごろには，工業の発展が著しく，特に製鉄分野は著しく進んでいた．近代化を急ぐ日本でも，日清戦争後に八幡製鉄所建設を決めるなど，軍事産業とも関連して高炉の温度の引き上げの研究などは重要な分野であった．

鉄に限らず，物体は熱していくと光を放出するようになる．炉内の温度は，炉に設置された小窓から漏れ出てくる光を観測することで測ることができる．出てきた光をプリズムなどで波長ごとに分解し，各波長の光の強度分布を調べることにより温度がわかるのである．波長ごとに分けられた分布のことをスペクトルといい，温度ごとに，第4章で示した，図4.30のような分布をすることがわかっていたからである．

しかし，わかっているというのは実験的にであり，当時なぜこのような分布をするのかということは，波長の全域にわたっては理解されていなかった．この分布を説明するために，1900年にプランクは画期的なアイデアを発表する．それまでエネルギーは連続的にどんな値でも取れると思われていたものを，実はエネルギーには最小単位が存在するというのである．その最小のエネルギーの塊を**エネルギー量子**とよび，大きさ $\varepsilon_\lambda$ は，

$$\varepsilon_\lambda = h \cdot \frac{c}{\lambda} \tag{8.1}$$

で与えられるとしたのである．これが第4章の式(4.28)で示した式の意味である．ここで，$c$ は光速，$\lambda$ はそのときの光の波長で，$h$ はある定数である．いまでは**プランク定数**とよばれる $h$ は，

$$h = 6.626 \times 10^{-34} \text{J·s} \tag{8.2}$$

という非常に小さな値である．$\varepsilon_\lambda$ が小さいために，われわれはその不連続性に気がつかないというのである．この仮説により，プランクは図4.30を全域にわたり，見事に説明することができた．

1900年当時，このような小さな値の世界，すなわちミクロな世界はまだ未知の領域であった．いまでは当たり前のように**電子**や**陽子**などというが，電子が発見されたのは1897年のトムソンの陰極線の発見によってであり，水素原子が

## 8.1 前期量子論

今のような描像となったのも 1912 年のラザフォードの原子模型以降である[14]。

**アインシュタインの光量子仮説**

マクスウェルの理論により、電磁波が光速で進むことから、光は電磁波であるとされ、その存在を確認する実験がヘルツなどにより行われていた。その過程で、電磁波が金属に当ったときに、電子が金属表面から飛び出すという現象が発見された。この現象は**光電効果**とよばれ、飛び出す電子のことを**光電子**とよんだ。

実験によると、光電効果は次の 3 つの特徴をもっていた。

i) 光電子が飛び出すためには、当てる光の振動数 $\nu$ はある値 $\nu_0$ より大きくなければならず、光の強度にはよらない。つまり、光が弱くても $\nu > \nu_0$ であれば光電子が飛び出してくる。

ii) 光電子のエネルギーは、光の強度によらず振動数 $\nu$ によって決まる。

iii) 光の強度を大きくすると、光電子のエネルギーは変わらないが、その数が増える。

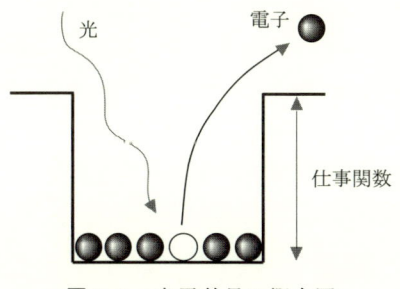

**図 8.1** 光電効果の概念図

この現象を説明するために、アインシュタインはプランクのエネルギー量子仮説を別な角度から解釈を行った。光の振動数 $\nu$ は $c = \nu\lambda$ により波長と結び付いているため、式 (8.1) をエネルギーの粒と見るのではなく、光の粒だと考えたのである。つまり、光は波の性質ももつが、$h\nu$ のエネルギーをもった粒子の集まりでもあるとし、この光の粒子のことを**光子**と名付けた。

この仮説によれば、図 8.1 のように、光電子は光子からエネルギーをもらい、金属内の束縛から逃れて飛び出してくるという描像であり、エネルギーの保存則は次式で表わされる。

---

[14] 長岡半太郎の模型は 1903 年に発表されていたが、マクスウェルの電磁気学からは安定な状態とはならず、当時は相手にされていなかった。

$$\frac{1}{2}mv^2 = h\nu - W \tag{8.3}$$

ここで，$m$ は光電子の質量，$v$ は速さで，$W$ は金属によって決まるある値で**仕事関数**とよばれる．

このように考えれば，強度の強い光（振幅の大きい光）の場合に光のエネルギーが大きくなるのは，光子の数が多いというように解釈される．つまり，光のエネルギーは，振動数で光子自体のエネルギーの大小が決まり，振幅でその数の大小が決まると考えるのである．したがって，$h\nu$ が $W$ より小さい光は，いくら強度を上げても，それは光子自体のエネルギーを増やしているわけではなく，数を増やしているに過ぎず，電子に当ったとしても光子のエネルギーが低いために，金属内から電子を飛び出させられないことがわかる．

光を粒子として考えるというこの仮説は，アインシュタインが発表したものではあったが，なかなか広く受け入れられなかった．光が粒子の性質ももつという概念を確立するためには，また別な傍証が必要だったのである．

X 線の散乱を調べていたコンプトンは，電磁気学に基づく理論値とは異なる結果を得ていた．物質に入射した X 線が，散乱して出てくるときに波長が伸びており，それは物質の種類によらず散乱角だけに依存していたのである．この波長の変化を当初，ドップラー効果（第 4 章 p.87 参照）によるものと考えていたが，やがて波長 $\lambda$ の X 線は運動量 $p$ が

$$p = \frac{h}{\lambda} \tag{8.4}$$

と表わされる粒子のように振る舞うとすれば，粒子同士の衝突として，この現象をうまく説明ができることがわかった．いわゆる**コンプトン散乱**とよばれる現象であり，1924 年のことである．これにより，光はエネルギー $h\nu$，運動量 $h/\lambda$ の粒子と見なせることが受け入れられていった．

**問い** 波長 $4.0 \times 10^2$ nm の光子のもつエネルギーは何 J か．また，これを eV に直すといくらになるか．　　（答：$5.0 \times 10^{-19}$ J，3.1 eV）

## ボーアの理論

太陽の光をプリズムを通して波長ごとに分解すれば，いろいろな波長の光が連続的に含まれ虹のようになる（図 4.4 参照）．これを**連続スペクトル**

## 8.1 前期量子論

とよぶが，金属などから出る光は，その物質固有の離散的な波長しか含まれず，**離散スペクトル**あるいは**線スペクトル**とよばれている．

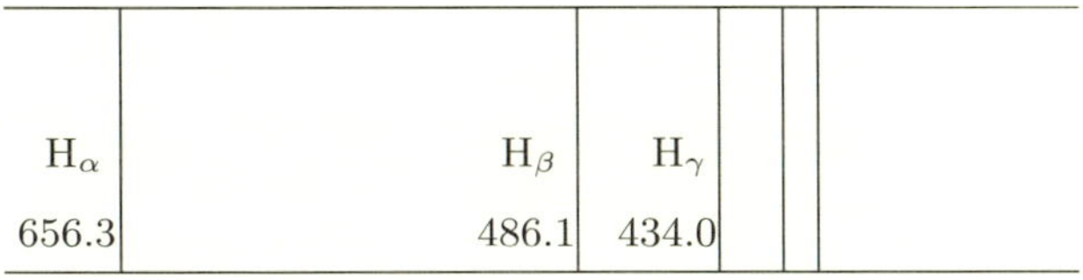

| | | | | |
|---|---|---|---|---|
| $H_\alpha$ | $H_\beta$ | $H_\gamma$ | | |
| 656.3 | 486.1 | 434.0 | | |

**図 8.2** 水素原子の線スペクトル (単位：nm)

たとえば，水素気体を放電管に封入し放電させたときに出る光を観測すると，図 8.2 のような離散的な波長の光しか含まれていない．オングストロームにより測定された，この規則的に並んでいるように見える4本の波長 $\lambda$ は，1884年にバルマーにより次の数列で表わされることが示された．

$$\lambda = \frac{n'^2}{n'^2 - 2^2} B \quad (n' = 3, 4, 5, \cdots) \tag{8.5}$$

ただし，$B = 3.646 \times 10^{-7}$ m である．この一連のスペクトルのことをバルマー系列とよぶ．

バルマー系列は可視光領域にあるが，その後，紫外領域や赤外領域にも同様な系列が発見され，リュードベリにより統一的に

$$\frac{1}{\lambda} = R \left( \frac{1}{n^2} - \frac{1}{n'^2} \right) \tag{8.6}$$

と表わされた．ただし，$n' = n+1, n+2, n+3, \cdots$ である．$n = 2$ がバルマー系列で，$n = 1$ はライマン系列，$n = 3$ はパッシェン系列とよばれ，定数 $R = 1.097 \times 10^7 \text{m}^{-1}$ はリュードベリ定数とよばれた．

マクスウェルの電磁気学によると，加速度運動する荷電粒子は，光を放出することがわかっている．このことから，原子核の周りを電子が回っているとすれば，電子は円運動することで加速度運動をしていることになる．

その場合，図 8.3 のように，電子は光を出すことでエネルギーを失い，次第に原子核に落ち込んでいく．その結果，軌道半径が小さくなり，角速度が大きくなる．すると，高い振動数の光 (波長の短い光) を放出するようになり，このように安定的なスペクトルにはならないのである．つまり，実験結果を説明できなかっ

たのである．これが，長岡半太郎の原子模型が受け入れられなかった理由でもある．

プランクのエネルギー量子仮説など，エネルギーの不連続性という点が徐々に広まっていた 1913 年に，ボーアは原子内の電子にその理論を適用し，次の 3 つの仮定をおくことでスペクトルの説明を行った．

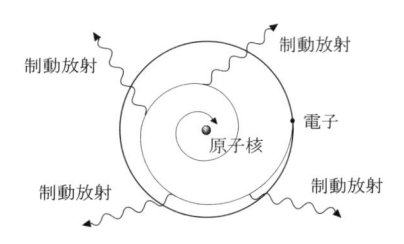

**図 8.3** 制動放射と原子の崩壊

i) 原子内の電子は勝手な値のエネルギーをもたず，**エネルギー準位**とよばれる原子特有のエネルギーをもつ．そのエネルギー準位は，安定であり**定常状態**とよぶ．

ii) 電子が，あるエネルギー準位 $E_{n'}$ からより低いエネルギー準位 $E_n$ に移動したときに，原子はそのエネルギー差に相当する光を放出し，その振動数 $\nu$ は，

$$h\nu = E_{n'} - E_n$$

によって表される．

iii) 定常状態にある電子は，これまで知られている力学の法則にしたがって運動する．

定常状態のうち，最もエネルギー準位の低いものを**基底状態**，それ以外を**励起状態**とよんだ．このボーアの理論は，仮定の iii) で電子は古典力学にしたがうとしており，その後に完成する量子力学までのつなぎのようなものである．では，ボーアの仮定からどのように水素原子のスペクトルが導出されるのかを見ていこう．

まず，仮定の i) で，電子は勝手なエネルギー準位をもたないとしている．ボーアによれば，この特定の準位を指定する条件として，原子核の周りを回る電子の運動量 $p = mv$，軌道半径 $r$ に対して

$$p \times 2\pi r = nh \qquad (n = 1, 2, 3, \cdots) \tag{8.7}$$

## 8.1 前期量子論

という条件を導入した．これは**量子条件**とよばれる．この条件をおいた理由は，こうしておけばうまくスペクトルが導かれたからである．

また，iii) により，等速円運動をしている電子には式 (2.40) の向心力がはたらくが，これは電子と原子核の間にはたらくクーロン力，式 (6.2) とすれば

$$m\frac{v^2}{r} = \frac{1}{4\pi\varepsilon_0}\frac{e^2}{r^2} \tag{8.8}$$

となる．式 (8.8) は，容易に

$$\frac{1}{2}mv^2 = \frac{1}{2}\frac{1}{4\pi\varepsilon_0}\frac{e^2}{r} \tag{8.9}$$

と書き換えられる．式 (8.9) を用いると，電子のもつ力学的エネルギー $E$ が

$$E = -\frac{1}{2}\frac{1}{4\pi\varepsilon_0}\frac{e^2}{r} \tag{8.10}$$

で与えられる．これに式 (8.7) を当てはめれば，ある整数 $n$ のときの電子のもつエネルギー $E_n$ が次式で求まる．

$$E_n = -\frac{me^4}{8\varepsilon_0^2 h^2} \cdot \frac{1}{n^2} \tag{8.11}$$

さらに，仮定の ii) および光速 $c = \nu\lambda$ より

$$\frac{1}{\lambda} = \frac{me^4}{8\varepsilon_0^2 h^3 c}\left(\frac{1}{n^2} - \frac{1}{n'^2}\right) \tag{8.12}$$

が得られる．これを式 (8.6) と見比べれば，リュードベリ定数 $R$ が

$$R = \frac{me^4}{8\varepsilon_0^2 h^3 c} \tag{8.13}$$

と求まり，それぞれの量の数値を当てはめれば，実験値とよく一致していることがわかる．

> **問い** 式 (8.11) より，基底状態にある水素原子から水素イオンを作るのに必要なエネルギー何 eV か． (答: 13.6 eV)

> **問い** 式 (8.13) に，各数値を代入することでリュードベリ定数を求めよ． (答: $1.1 \times 10^7\,\mathrm{m^{-1}}$)

### 粒子の波動性

ミクロな系を記述するキーワードとして「量子」が取り上げられ，エネルギーには最小単位があることが徐々にわかってきた．そして，波動だと思

われていた光に粒子としての性質もあることも確認されてきた．そこで1923年，ド・ブロイは逆に粒子にも波動性があってもよいではないかという理論を展開した．この時点では，実験的な後ろ楯もなく，純粋に理論的な試みであった．

これによれば，運動量 $p$ で運動している粒子は

$$\lambda = \frac{h}{p} \tag{8.14}$$

で与えられる波動としての性質があるというのである．身の回りで運動している粒子に波動性が見られないのは，式(8.14)から求まる波長が短すぎて観測できないからと理由づけた．そして，粒子も波動として振る舞う以上，光同様に干渉が起こるはずであると主張した．

実際に電子に波動性が確認されたのは，1927年のデヴィソンとジャーマーの実験であった．彼らはニッケルの単結晶に電子線を照射し，その反射を調べていた．すると，X線のブラッグ反射[15]のように，強度が周期的に変化する現象が見つかった．これは物質である電子が，まさに波動の性質を示したのである．

また同時期に，トムソンが金属薄膜に電子線を当てたところ回折模様が得られたことからも，電子の波動性が認められるようになった．

このような，電子などの粒子による波のことを**ド・ブロイ波**あるいは**物質波**とよぶ．また，ド・ブロイ波

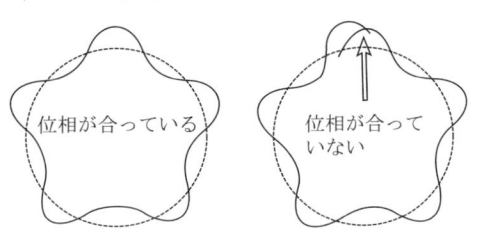

図 8.4 電子の軌道と定常波

の描像を用いると，ボーアの量子条件は図8.4のように考えることができる．つまり，水素原子内での定常状態は，その軌道で電子のド・ブロイ波がちょうどうまく閉じて，定常状態を作っていることに対応する（左図）．右図のような閉じないときには，安定な軌道とはならない．

歴史的には，このとき既に量子力学は産声を上げていた．次節で，行列力学，波動力学を経て，量子力学が誕生する過程を概観していくことにする．

**問い** 質量50gのゴルフボールが50m/sで飛んでいる．これに伴う物質波の波長はいくらか．　　　　　　　　　（答：$2.7 \times 10^{-34}$ m）

---

[15] 結晶にX線を照射すると，その入射角によっては結晶内の原子に反射する際に，干渉が起こり強め合ったり弱め合ったりする現象．

## 8.2 量子力学の基礎

**シュレーディンガーの波動方程式**

ボーアの理論により，水素原子のスペクトルは説明することができた．しかし，ボーアがおいた仮定は，うまく説明できるように考え出されたという以外には，根拠がなかった．しかも，水素原子内の電子のような周期的な運動を行うものには効力を発揮したが，一般的な運動にはうまく当てはめられなかった．現在では，ボーアの理論は，**対応原理**とか**前期量子論**とよばれている．

一般的な理論的な体系を構築すべく，ハイゼンベルクは原子の出す光のスペクトルについて考えていた．原子から出る光は，電子がある状態 $n$ から別の状態 $m$ に遷移するときに放出される．このことが現象の理解に本質的であると考え，状態間遷移とそれによる光の振動数を表にして，それらの関係を議論していた．ボルンは，その関係が数学の行列であることに気づき，改めて行列を用いた理論体系をハイゼンベルク，ジョルダンとともに 1925 年に作り上げた．これは**行列力学**とよばれている．ハイゼンベルク自身が気づかなかったように，当時，行列はあまり認識されておらず，彼らの理論は難解すぎて，すぐには受け入れられなかった．

その翌年，シュレーディンガーが別な見方でミクロな世界を記述する試みを行った．彼はミクロの世界に登場するド・ブロイ波に着目し，すでに広く知られていた波動方程式との融合を図ったのである．

一般に，速さ $v$ で空間を進む波 $\psi(t,x)$ の方程式は

$$\frac{\partial^2 \psi}{\partial t^2} = v^2 \frac{\partial^2 \psi}{\partial x^2} \tag{8.15}$$

という波動方程式で記述されていた．この波 $\psi$ は，水面の高さであったり，密度であったりする．この解のうち，ある振動数 $\nu$ で振動する波は $\psi(t,x) = \phi(x)\cos 2\pi\nu t$，あるいは指数関数を用いて

$$\psi(t,x) = \phi(x)\exp(2\pi i \nu t) \tag{8.16}$$

と表される．ただし，振幅 $\phi(x)$ は一定ではなく，位置によって変化するとしている．その振幅が位置によりどのような変化をするのかは，式 (8.15) に代入し

て得られる方程式

$$\frac{d^2\phi(x)}{dx^2} = -\frac{4\pi^2}{\lambda^2}\phi(x) \tag{8.17}$$

で解くことができる．ただし，$v = \nu\lambda$ である．

このような波動に関する既知の体系に対して，ド・ブロイ波を適用し，量子の世界の基本方程式を導いてみる．粒子に付随するド・ブロイ波は，式 (8.14) により波長が決まる．そして，この運動量 $p$ は力学的エネルギー $E$，位置エネルギー $U$ と次の関係にある．

$$E = \frac{p^2}{2m} + U \tag{8.18}$$

これより波長 $\lambda$ は

$$\frac{1}{\lambda} = \sqrt{\frac{2m}{h^2}(E - U)} \tag{8.19}$$

と表される．式 (8.19) を式 (8.17) に代入し整理すると

$$-\frac{\hbar^2}{2m}\frac{d^2\phi(x)}{dx^2} + U(x)\phi(x) = E\phi(x) \tag{8.20}$$

が得られる．ただし，$\hbar = h/2\pi$ であり，量子力学では $h$ より頻繁に登場し，これをプランク定数とよぶこともある．式 (8.20) はプランク定数 $h$ を含み，ド・ブロイ波の条件を加味した波動方程式で，**シュレーディンガー方程式**とよばれている．$\phi$ はド・ブロイ波の振幅を与えるが，一般に式 (8.20) の解を**波動関数**とよんでいる．古典的な粒子の波動性は，波動関数 $\phi(x)$ で表わされるが，その時間変化も含んだ $\psi(x,t)$ も同様に波動関数とよばれる．このシュレーディンガーによる波動をベースにした体系は**波動力学**とよばれた．

シュレーディンガー方程式により，位置エネルギーすなわちポテンシャル $U(x)$ を与えれば，そのようなポテンシャルのもとに粒子は波動としてどのように振る舞うかは，式 (8.20) を微分方程式として解けば，わかるようになった．しかし，この時点で波動関数とは物理的実体なのか否かについては理解されていなかったが，とりあえず，クーロンポテンシャルを入れて数学的に解いていけば，波動関数とエネルギー準位 $E_n$ が求められたのである．

**確率解釈**

波動関数とは一体何者なのか．もとは，ド・ブロイが理論的に導入したド・ブロイ波であり，数学的な便宜上のものなのか物理的に実体のあるも

## 8.2 量子力学の基礎

のなのかはよくわからなかった．特に，波動関数は一般に複素数になることも，それが本質的かどうかをわからなくする要因であった．

ボルンは粒子の散乱問題に波動力学を適用し，1つの解釈のもとに成功を収めていた．それは波動関数に対して，次のように粒子の描像と結びつけるものであった．1個の粒子の波動関数 $\psi(x,t)$ により，時刻 $t$ で位置 $x$ の近傍の微小領域 $dx$ の中に，その粒子がある確率は

$$|\psi(x,t)|^2 dx \tag{8.21}$$

で与えられる，というものであった．このように考えれば，$\psi(x,t)$ 自体が複素数であっても式 (8.21) は正の量となる．ボルンは，この**確率解釈**を用いて，粒子が散乱後にどの角度にいくらの確率で飛び出すのかといった量を定量的に評価していったのである．

この解釈に従えば，波動関数が図 8.5 のようなある区間だけ振幅をもつようなものの場合，粒子のいる確率がその区間にだけあることを意味する．このような波を**波束**とよぶ．つまり，ある時刻における波束が与えられると，粒子はその辺りに存在することが言えるのである．後に，外力があまり変化しないような空間での波束の運動が，ちょうど古典力学による運動と一致することが示された．

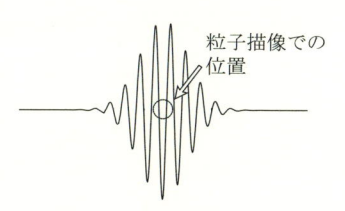

**図 8.5** 波束と粒子の位置

### 不確定性原理

現在は**不確定性原理**とよんでいるが，提唱された当時（1927年）にはハイゼンベルクは**不確定性関係**とよんでいた．まず，不確定性関係とは次式で表わされる関係をさす．

$$\Delta x \Delta p \gtrsim h \tag{8.22}$$

この式を理解するために，不確定性とは何かを定義しなければならない．

ミクロの世界の基礎方程式であるシュレーディンガー方程式を解いて得られるのは，波動関数の振る舞いである．ボルンの確率解釈からわかるように，波動関数はその粒子の位置を確率的に表現することになる．逆に言えば，確率的

にしかわからないと言える．この点が古典力学とは大きく異なり，量子力学からは，決定的にこれこれこうなるということは言えないのである．

同じ状況で測定を繰り返したときに，得られる測定結果はある値を中心に確率的に分布する．たとえば位置 $x$ を測定したとき，このときの平均値（量子力学では**期待値**とよぶ）を $\langle x \rangle$ と表わせば，毎回の測定値 $x$ との間にはずれを生じることになる．この測定値のばらつき具合い（統計的には標準偏差）を

$$\Delta x = \sqrt{\langle (x - \langle x \rangle)^2 \rangle} \tag{8.23}$$

として，位置 $x$ の不確定性 $\Delta x$ とよんでいる．運動量についても同様に $\Delta p$ が得られる．

式 (8.22) に現れている $\gtrsim$ の記号は，左辺が右辺より大きいか同程度であるという意味である．同程度とは，イコールではないので，右辺の $h$ と，場合によっては定数倍違うことがある．細かい数値は重要ではなく，0 ではないことが重要である．このことから式 (8.22) の意味は，位置と運動量はどんなに正確に測定をしようとしても，その積の値には下限値が存在し，0 にすることはできないと解釈すればよい．

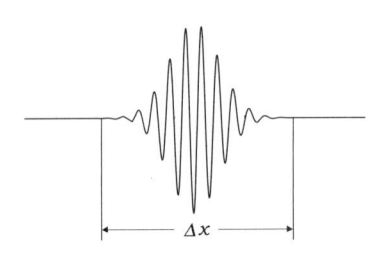

**図 8.6** 波束と不確定性関係

不確定性関係から，位置と運動量を同時に厳密に測定（$\Delta x = 0$ かつ $\Delta p = 0$）することはできない．どちらか一方を正確に測ろうとすれば，もう片方の不確定性は非常に大きくなることを意味する．これが，量子力学が古典力学とは大きく異なる原因の 1 つである．不確定性関係は，量子力学を特徴づける重要な関係である．これはまた，あらゆるものが粒子性と波動性の両方の性質をもっていることとも関連している．

先に，図 8.5 で波動と粒子の位置の関係を考えたが，これを再び不確定性という観点から見直してみる．図 8.6 のように，$\Delta x$ の区間だけに振幅があるような波束を考える．すると，この波束から粒子の位置は $\Delta x$ の大きさの不確定性があることがわかる．では，運動量の不確定性 $\Delta p$ はどのように考えればよい

## 8.2 量子力学の基礎

か．式 (8.14) より，運動量は波長 $\lambda$ と関係がつき，また波長は波数 $k$ と

$$k = \frac{2\pi}{\lambda} \tag{8.24}$$

で関係がついているので，$p = \hbar k$ である．これより，波束の中の波数の不確定性から逆に辿れば，運動量の不確定性が導かれることになる．

波束を観測して波長 $\lambda$ を決めるのには，波束中の波の山の数 $N$ を数え，波束の長さ $\Delta x$ を割ればよい．しかし，波束の長さは波長のちょうど整数倍とは限らず，1 波長の途中で途切れている可能性があるので，山の数は $\pm 1$ の誤差をもつ．したがって

$$\lambda = \frac{\Delta x}{N \pm 1} \tag{8.25}$$

波長の逆数に $2\pi$ をかけたものは波数とよばれ，$k$ で表す．上式から，波数は次式となる．

$$k = \frac{2\pi}{\lambda} = \frac{2\pi N}{\Delta x} \pm \frac{2\pi}{\Delta x} \tag{8.26}$$

となる．これより波数の不確定性 $\Delta k$ は

$$\Delta k \sim \frac{2\pi}{\Delta x} \tag{8.27}$$

で与えられる．$\sim$ は大体等しいことを表わす記号である．波数と運動量の関係より，

$$\Delta p = \frac{h}{2\pi} \Delta k = \frac{h}{\Delta x} \tag{8.28}$$

となるので，不確定性関係が導かれることになる．

**問い** 波長 10 cm の波の波数はいくらか．

(答: $20\pi \text{ m}^{-1}$)

### 水素原子内の電子の波動関数

これまで，古典力学の適用限界，そして量子力学の誕生までを概観してきた．この節では，出来上がった量子力学を用いて，どのように水素原子内の電子の波動関数が解かれていくのかを考え，その過程で導入される各種量子数について説明を行っていく．ここでもおおむね話の流れの方を重視し，数式をすべて理解する必要はない．

量子力学では，シュレーディンガー方程式を立て，それを与えられた条件のもとに解いて波動関数とエネルギー準位を得るというのが一般的な流れである．

しかし，シュレーディンガー方程式が厳密に解ける場合は，ごく限られた場合しかない．水素原子は，その限られた解ける系の1つである．水素分子になると，水素原子が2つ結合しただけの系であるが，もはや厳密に解くことは不可能となる．

原子内で電子のポテンシャル $U$ は

$$U(r) = -\frac{1}{4\pi\varepsilon_0}\frac{e^2}{r} \tag{8.29}$$

である．この問題を考える場合，空間は3次元であり，ポテンシャルは $r$ にしかよらないので球対称である．したがって，式 (8.20) の空間微分の部分は，3次元であることから

$$-\frac{\hbar^2}{2m}\frac{d^2\psi}{dx^2} \rightarrow -\frac{\hbar^2}{2m}\left(\frac{\partial^2\psi}{\partial x^2} + \frac{\partial^2\psi}{\partial y^2} + \frac{\partial^2\psi}{\partial z^2}\right) \tag{8.30}$$

と置き換え，さらに球対称であることから直交座標を球座標に変換して書き下すと

$$\left[-\frac{\hbar^2}{2m}\left(\frac{1}{r^2}\frac{\partial}{\partial r}\left(r^2\frac{\partial}{\partial r}\right) + \frac{1}{r^2\sin\theta}\frac{\partial}{\partial \theta}\left(\sin\theta\frac{\partial}{\partial \theta}\right) + \frac{1}{r^2\sin^2\theta}\frac{\partial^2}{\partial \phi^2}\right)\right.$$
$$\left. -\frac{1}{4\pi\epsilon_0}\frac{e^2}{r}\right]\psi(r,\theta,\phi) = E\psi(r,\theta,\phi) \tag{8.31}$$

となる．この方程式を解くことは容易ではないが，順を追って見ていくことにする．まず，角度方向の微分をまとめて

$$\Lambda = \frac{1}{\sin\theta}\frac{\partial}{\partial \theta}\left(\sin\theta\frac{\partial}{\partial \theta}\right) + \frac{1}{\sin^2\theta}\frac{\partial^2}{\partial \phi^2} \tag{8.32}$$

とおく．煩雑さを避けるため，式 (8.29) を用いて $U(r)$ でまとめると，式 (8.31) は

$$-\frac{\hbar^2}{2m}\left[\frac{1}{r^2}\frac{\partial}{\partial r}\left(r^2\frac{\partial}{\partial r}\right) + \frac{1}{r^2}\Lambda + U(r)\right]\psi = E\psi \tag{8.33}$$

と書ける．ここで，

$$\psi(r,\theta,\phi) = R(r)Y(\theta,\phi) \tag{8.34}$$

として，波動関数を分離すれば

$$-\frac{\hbar^2}{2m}\left[\frac{Y}{r^2}\frac{\partial}{\partial r}\left(r^2\frac{\partial R}{\partial r}\right) + \frac{R}{r^2}\Lambda Y\right] + U(r)R(r)Y(\theta,\phi) = ER(r)Y(\theta,\phi) \tag{8.35}$$

## 8.2 量子力学の基礎

となる．角度方向に対して，

$$\Lambda Y(\theta, \phi) = -\beta Y(\theta, \phi) \tag{8.36}$$

とおけば，式 (8.35) は

$$-\frac{\hbar^2}{2m}\left[\frac{1}{r^2}\frac{\partial}{\partial r}\left(r^2\frac{\partial R(r)}{\partial r}\right) - \frac{\beta}{r^2}R(r)\right] + U(r)R(r) = ER(r) \tag{8.37}$$

として $r$ 方向だけ分離できる．つまり，式 (8.34) を仮定することで式 (8.31) は，式 (8.36) と式 (8.37) の 2 つの方程式に分割できたことになる．ただし，$\beta$ は適当においた定数である．

次に，分離された式 (8.36) と式 (8.37) の 2 つの方程式を順に見ていくことにする．まず，式 (8.36) を改めて微分が見えるように書き直せば，

$$\left[\frac{1}{\sin\theta}\frac{\partial}{\partial\theta}\left(\sin\theta\frac{\partial}{\partial\theta}\right) + \frac{1}{\sin^2\theta}\frac{\partial^2}{\partial\phi^2}\right]Y(\theta,\phi) + \beta Y(\theta,\phi) = 0 \tag{8.38}$$

となる．これはポテンシャル $U$ に依存しないので，球対称な方程式には共通なものということになる．$\beta$ は適当においたものだが，これを決定するために，再び波動関数 $Y(\theta,\phi)$ を，次式ように分離することにする．

$$Y(\theta,\phi) = \Theta(\theta)\Phi(\phi) \tag{8.39}$$

式 (8.36) と同様に，ある定数 $\nu$ をおくことで

$$\frac{d^2\Phi}{d\phi^2} + \nu\Phi = 0 \tag{8.40}$$

を仮定すれば，

$$\frac{1}{\sin\theta}\frac{\partial}{\partial\theta}\left(\sin\theta\frac{\partial\Theta}{\partial\theta}\right) + \left(\beta - \frac{\nu}{\sin^2\theta}\right)\Theta = 0 \tag{8.41}$$

が得られる．ここでは，式 (8.39) で波動関数を分離することにより，式 (8.36) の方程式が式 (8.40) と式 (8.41) に分離されたのである．

式 (8.40) は解くことができて，任意の定数倍を除き

$$\Phi = e^{\pm i\sqrt{\nu}\phi} \tag{8.42}$$

で表わされる．$\phi$ は球座標の方位角を表わし，$\phi \to \phi + 2\pi$ で元の位置に戻る．式 (8.42) に対して，$\phi$ が $2\pi$ だけ変化しても値が変わらないと要請（これを周期

境界条件という）すれば $\sqrt{\nu} = 0, 1, 2, \cdots$ となり，整数 $m$ に対して式 (8.42) は

$$\Phi = e^{im\phi}, \qquad m = 0, \pm 1, \pm 2, \cdots \qquad (8.43)$$

と書くことができる．ここで得られた条件 $\nu = m^2$ を式 (8.41) に代入し，$\beta = l(l+1)$ で $m = 0, 1, 2, \cdots, l$ の関係を満たすように定数 $l$ を導入すると，この方程式は**ルジャンドル陪関数** $P_l^m(\cos\theta)$ とよばれる特殊な関数が解となることがわかっている[16]．これを用いて，角度方向の波動関数は $l$ と $m$ という 2 つの整数によって

$$Y_l^m(\theta, \phi) = \sqrt{\frac{(2l+1)}{4\pi} \frac{(l-|m|)!}{(l+|m|)!}} P_l^{|m|}(\cos\theta) e^{im\phi} \qquad (8.44)$$

と書くことができる．式 (8.44) は，球対称な方程式の解としては頻繁に現れ，**球面調和関数**とよばれる．この解では，$l$ を固定すると，$m$ は

$$m = 0, \pm 1, \pm 2, \cdots, \pm l \qquad (8.45)$$

のように制限され，$m$ の取り得る数は $2l+1$ 個である．

また，式 (8.37) の解は $\beta = l(l+1)$ から $l$ と新たに整数 $n$ により指定され，詳細は省略するが，**ラゲールの陪多項式**によって解が得られることがわかっている．結果だけ書き下すと，

$$R(r) = \frac{2}{n^2} \sqrt{\frac{(n-l-1)!}{\alpha^3 [(n+l)!]^3}} e^{-\rho/2} \rho^l L_{n-l-1}^{2l+1}(\rho) \qquad (8.46)$$

であり，$L_{n-l-1}^{2l+1}(\rho)$ がラゲールの陪多項式である．ここで，

$$\alpha = \frac{\hbar^2}{m}\left(\frac{4\pi\varepsilon_0}{e^2}\right), \qquad \rho = \frac{2r}{n\alpha} \qquad (8.47)$$

であり，$\alpha$ の中の $m$ は整数ではなく質量を表わしており，紛らわしいのでまとめてある．整数 $n$ を固定すれば，$l$ は

$$l = 0, 1, 2, \cdots, n-1 \qquad (8.48)$$

に制限されている．

---

[16] 簡単に解けないような方程式は，それを満たすような関数を探し出すことが，方程式を解くという作業に代わる．

## 8.2 量子力学の基礎

以上のことから，水素原子内の電子の波動関数は，3種類の整数 $n$, $l$, $m$ によって解が指定され，$\psi_{nlm}(r,\theta,\phi)$ と表わされる．それぞれは**主量子数，方位量子数，磁気量子数**とよばれている．

$$\begin{aligned}
\text{主量子数} \quad & n = 1, 2, 3, \cdots \\
\text{方位量子数} \quad & l = 0, 1, 2, \cdots, n-1 \\
\text{磁気量子数} \quad & m = 0, \pm 1, \pm 2, \cdots, \pm l
\end{aligned}$$

【問い】 式 (8.47) の $\alpha$ の値はいくらか．

(答：$5.3 \times 10^{-11}$ m)

### 波動関数の形状

水素原子の場合には，結果を式で表現するのは複雑ではあるが，とりあえず厳密に解くことができた．では，ここで得られた結果はどのような結論を導くのか．一般的な解ではよくわからないので，主量子数が $n = 0$ や，$n = 1$ の場合に波動関数がどのような形状をしているのかを見てみよう．

#### ① $n = 1$ の波動関数

この時は，$l$, $m$ ともに 0 のときにしか解が存在しない．波動関数は非常に簡単になり

$$\psi_{100}(r,\theta,\phi) = \frac{1}{\sqrt{\pi\alpha^3}} e^{-r/\alpha} \tag{8.49}$$

と表わされる．これをそのままグラフにすれば図 8.7 のようになり，$r = 0$ から単調減少していく関数であり，縦軸が波動関数の振幅を与える．波動関数の振幅の 2 乗が確率密度と解釈できるから，$r = 0$ がもっとも電子の存在確率が高いかというと，そうではない．ここで注意しなければいけないのは，ある点での確率は式 (8.21) で与えられることである．これを球座標を使った場合に書き直せば，点 $(r, \theta, \phi)$ にある確率は

$$|\psi_{nlm}(r,\theta,\phi)|^2 r^2 \sin\theta \, dr d\theta d\phi \tag{8.50}$$

で与えられる．

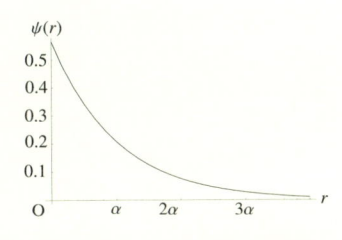

**図 8.7** $n = 0$ の波動関数

式 (8.49) は，$r$ にしか依存していないので，形状としては球形をしている．球面上の点は等確率なので，半径 $r$ の球面上の確率 $P(r)dr$ は角度方向をすべて足

し合わせたもので与えられ，それは次のように計算すればよい．

$$\begin{aligned} P(r)dr &= \int_0^{2\pi} d\phi \int_0^{\pi} \sin\theta\, |\psi_{nlm}(r,\theta,\phi)|^2 d\theta\, r^2 dr \\ &= \left(\frac{4r^2}{\alpha^3}\right) e^{-2r/\alpha} dr \end{aligned} \tag{8.51}$$

式 (8.51) をグラフにしたのが，図 8.8 である．最も高くなっているところが，いわゆるボーア半径 $r=\alpha$ であり，水素原子の大きさの目安になっている．電子は原子核と重なることはないので，確かに $r=0$ での存在確率は 0 になっていることがわかる．

波動関数は，電子がどこにいる確率が高いかを表わしている．$n=0$ の球形をした波動関数から，電子は原子核を中心に円軌道を描いていると想像しがちであるが，そのような古典的な描像は正しくはない．しかし，歴史的に「軌道」という言葉を用いて表現することになっており，$n=0$ の「軌道」のことを 1s 軌道とよぶ．

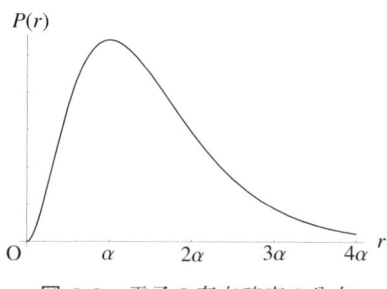

図 8.8　電子の存在確率の分布

② $n=2$ の波動関数

$n=2$ の波動関数は，$n=1$ と異なり，$l=0$ と $l=1$ の 2 種類がある．$l=0$ では $m=0$ しかないが，$l=1$ のときには $m=-1,0,1$ の 3 種類が存在する．すなわち，波動関数としては

$$\psi_{200} \quad \psi_{21-1} \quad \psi_{210} \quad \psi_{211}$$

の 4 種類あることになる．このうち，$\psi_{200}$ による「軌道」を 2s 軌道とよび，$l=1$ となる残り 3 つを 2p 軌道とよんでいる．2s は 1s と同様に球形をしているので，ここでは 2p 軌道を具体的に見ていくことにする．

$l=1$ で $m=0$ の波動関数は，

$$\psi_{210}(r,\theta,\phi) = \frac{1}{\sqrt{64\pi\alpha^5}} e^{-r/2\alpha} r\cos\theta \tag{8.52}$$

と表わされる．$m=\pm 1$ の場合は，

$$\psi_{21\pm 1}(r,\theta,\phi) = \frac{1}{\sqrt{64\pi\alpha^5}} e^{-r/2\alpha} r\sin\theta\, e^{\pm i\phi} \tag{8.53}$$

## 8.2 量子力学の基礎

となり，複素数で与えられる．シュレーディンガー方程式は，線形な微分方程式なので，解を適当な線形結合で組み替えても同様に解となる．式 (8.53) をオイラーの式 $e^{i\theta} = \cos\theta + i\sin\theta$ を利用して，見やすい直交座標に関係するように組み替えると，次の2式になる．

$$\begin{aligned}\psi_{2x} &= \frac{\psi_{211} + \psi_{21-1}}{2} \\ &= \frac{1}{\sqrt{64\pi\alpha^5}} e^{-r/2\alpha} r \sin\theta \cos\phi\end{aligned} \quad (8.54)$$

$$\begin{aligned}\psi_{2y} &= \frac{\psi_{211} - \psi_{21-1}}{2i} \\ &= \frac{1}{\sqrt{64\pi\alpha^5}} e^{-r/2\alpha} r \sin\theta \sin\phi\end{aligned} \quad (8.55)$$

式 (8.54) の波動関数による軌道は $2p_x$ とよばれ，式 (8.55) の波動関数による軌道は $2p_y$ とよばれる．また，$m=0$ の式 (8.52) の波動関数による軌道は $2p_z$ とよんでいる．

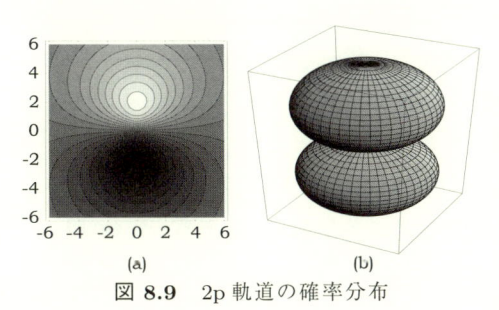

式 (8.52) をグラフにすると，図 8.9(a) のようになる．濃淡の薄いところが高く，濃いところが低く等高線を描いてあり，グラフの目盛りはボーア半径を1としてプロットしてある．図 8.9(b) の立体図は，図 8.8 と同様に，波動関数を2乗した確率分布を示したものである．

**図 8.9** 2p 軌道の確率分布

図 8.9 の見方も，水素原子をスナップ写真で撮ったとしたときに，電子がこのどこかにいる可能性が高いと見るべきで，このような8の字を描く軌道を電子が回っているわけではない．

### 量子数の意味

電子の波動関数を導出するにあたり，3種類の整数が現れた．ここでは，これら3つの量子数，および新たに導入されるスピン量子数の物理的な意味について考えてみる．

① **主量子数**

シュレーディンガー方程式を解くと，波動関数と共にエネルギーが求まる．

$$E_n = -\frac{me^4}{8\varepsilon_0^2 h^2}\frac{1}{n^2}, \qquad n = 1, 2, 3, \cdots \tag{8.56}$$

これはボーアの理論で得られている式 (8.11) を再現している．式 (8.56) で，エネルギーの値が負になっているのは，引力がはたらくことで電子が原子核に束縛されているからである．もっとも低い基底状態が $n = 1$ で 1s 軌道の電子を表わし，自由になった電子のエネルギーは $E_\infty$ で表わされるため，$E_\infty - E_1$ が電子を原子から引き離すために必要なエネルギーで，**イオン化エネルギー**とよばれる．それぞれの数値を入れると，

$$\begin{aligned}E_\infty - E_1 &= \frac{me^4}{8\varepsilon_0^2 h^2} \\ &= 13.6 \text{ eV}\end{aligned} \tag{8.57}$$

となる．

このように，主量子数 $n$ は水素原子のエネルギー状態を指定する量子数であり，逆にエネルギーは $l$ や $m$ には依存しないことがわかる．

② **方位量子数**

古典的には，電子は陽子の周りを回っているという描像である．このような円運動をしている粒子を特徴づける物理量に，角運動量 $\boldsymbol{l}$ がある．これは粒子の位置ベクトル $\boldsymbol{r}$ と運動量ベクトル $\boldsymbol{p}$ を用いて

$$\boldsymbol{l} = \boldsymbol{r} \times \boldsymbol{p} \tag{8.58}$$

と表わされる．ベクトルを計算しやすいスカラーにするために 2 乗し，$\boldsymbol{l}^2$ を電子の波動関数を用いて計算してみる．計算の詳細は省くが，波動関数の 2 乗が確率密度を与えることから，計算されるものは $\boldsymbol{l}^2$ の期待値となる．

$$\int_V \psi_{nlm}^* \boldsymbol{l}^2 \psi_{nlm} = \hbar^2 l(l+1) \tag{8.59}$$

式 (8.59) の積分は空間全体を表わし，波動関数は複素数であるために複素共役「$*$」を取って 2 乗してある．これから，角運動量はおよそ $\hbar l$ であり，ちょうど方位量子数で与えられることがわかる．つまり，方位量子数は電子のもっている角

## 8.2 量子力学の基礎

運動量を指定する数である．また，エネルギー同様，角運動量も勝手な値は取れずに，整数で指定されることを注意しておきたい．

### ③ 磁気量子数

電子は電荷をもっている．電荷をもっている粒子が円軌道を描くと，それは円形電流が流れていると見なせ，円の中心付近には磁場が生じる．つまり，磁石のような効果を引き起こす．正確には，**磁気モーメント**があるという．

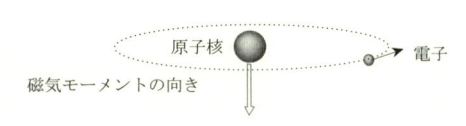

図 8.10 古典的な描像の磁気モーメント

水素原子に磁気モーメントがあるとすれば，磁場中に水素原子を置くと，磁場のないときと比べてエネルギーに差が出ることになる．磁場中に，磁場と同じ向きに棒磁石を置くか逆向きに置くかで差が出ることに対応する．

水素原子の磁気モーメント $\mu$ は，角運動量 $l$ を用いて

$$\mu = -\frac{e}{2m}l \tag{8.60}$$

と書かれることがわかっている．これを用いて，磁場中にある水素原子のシュレーディンガー方程式を解くと，エネルギー準位が次のように求まる．

$$E = E_0 + \frac{eB}{2m_e}\hbar m \tag{8.61}$$

ただし，ここでは電子の質量を $m_e$ とし，$m$ は磁気量子数を表わしている．また，磁場の方向を直交座標の $z$ 方向とし，$E_0$ は磁場のないときのエネルギー準位 (式 (8.56))，$B$ はかかっている磁場の磁束密度を表わしている．

このことから，磁気量子数は水素原子の磁気モーメントの目安を与える量子数であることがわかる．そして，磁場中で水素原子のエネルギー準位がないとき，$E_0$ に比べて磁気量子数で表わされる分だけずれることを**ゼーマン効果**とよぶ．ただ，$m=0$ では磁気モーメントをもたないことからもわかる通り，電子の運動を古典的な描像でとらえることは正しくない．1sや2sで，電子が円軌道を描くと考えれば，磁気モーメントを生じるが，実際には存在しないからである．

#### ④ スピン量子数

シュテルンとゲルラッハは，磁気量子数をもたない状態の原子を取りだし，図8.11のような実験を行った．これによると，磁気量子数をもたない1sや2sのような原子でも，磁場の影響を受けて2つに分離し，エネルギーに違いが起こることがわかった．これは，角運動量による磁気モーメント以外に，何かしら別の磁気モーメントを生じる要因があるのではないかと考え，1925年にパウリにより**電子のスピン**が導入された．これも「スピン」という言葉から，電子が自転しているような古典的な描像を描きがちであるが，量子論で古典的な描像は通用しないので，注意が必要である．

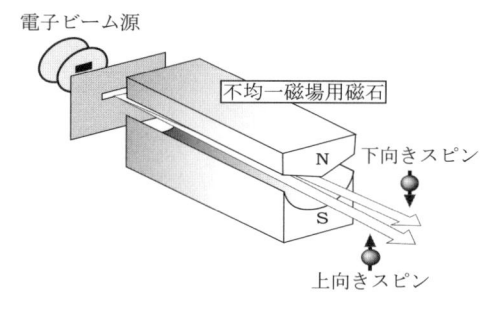

図 **8.11** シュテルンとゲルラッハの実験

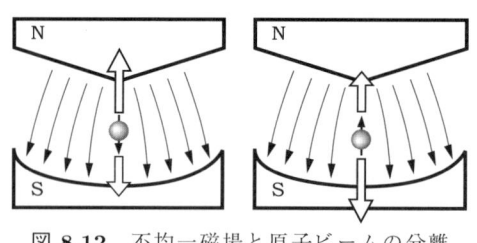

図 **8.12** 不均一磁場と原子ビームの分離

この実験で磁場中を通過する原子が上下に分離されるのは，不均一な磁場を用いたことが要因である．原子を図8.12のような棒磁石で近似すれば，磁場が均一でないためにはたらく力に不均衡が生じるので，原子のビームは上下に分離することになる．シュテルンとゲルラッハの実験で分離が2種類となったことから，電子のスピンには2種類あることがわかる．そして，これらは「上向き」と「下向き」，あるいは「右巻き」と「左巻き」などと区別されている．

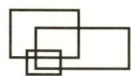

# 章末問題

**8.1** 光を用いて物体の位置を測定する場合，物体の位置の不確定性は用いた光の波長程度である．したがって，より正確に物体の位置を測定するためには，より波長の短い光を用いればよい．

(1) 400 nm の光を用いて，静止している質量 1 g の物体の位置を測定するとすれば，この物体の速さの不確定性 $\Delta v$ はいくらになるか．

(2) 宇宙開闢以来，およそ 150 億年が経過している．この間に，この物体の速さの不確定性から移動できる距離 $\Delta l$ を求めよ．

(答：(1) $1.66 \times 10^{-24}$ m/s  (2) $7.84 \times 10^{-7}$ m )

**8.2** 次のように表される波動関数を考える．

$$\psi(x) = A \sin \frac{2\pi x}{L}, \qquad (0 \leq x \leq L)$$

ただし，$A$ および $L$ は，ある定数である．このとき，粒子が最も見つかりやすい位置はどこか．

(答：$x = \dfrac{L}{4}$ および $x = \dfrac{3L}{4}$ )

**8.3** 波長 589 nm の光を金属に当てたところ，飛び出してくる光電子の最大運動エネルギーは 0.5 eV であった．この金属から，光電子を飛び出させることのできる光の最大波長はいくらか．

(答：772 nm )

**8.4** バルマー系列を考える．

(1) この中で最も長い光の波長はいくらか．

(2) この中で最も短い光の波長はいくらか．

(答：(1) $6.6 \times 10^{-7}$ m  (2) $3.6 \times 10^{-7}$ m )

# さくいん

**あ行**

圧力, 54, 57
インダクター, 140
インダクタンス, 140
インピーダンス, 142
うなり, 87
運動
 —の法則, 21
 —方程式, 21, 37, 38, 40
 円—, 27
 等加速度—, 16
 等加速度直線—, 22
 等速直線—, 13, 22
 放物—, 26, 27
 らせん—, 162
運動量, 33
永久機関, 65
エネルギー, 48
 —準位, 170
 —量子, 166
 イオン化—, 184
 位置—, 48
 運動—, 51
 化学—, 66
 ギブスの自由—, 70
 クーロン力による—, 50
 重力による—, 48
 振動の—, 75
 静電—, 136
 弾性—, 49
 内部—, 59
 波の—, 76
 熱—, 53
 万有引力による—, 50
 光の—, 90, 168
エンタルピー, 68
エントロピー, 65, 69
音の強さ, 83
重さ, 17
温度, 58

**か行**

外積, 10
回折, 81, 97
ガウスの定理, 148
ガウスの法則, 116
角運動量, 36
角速度, 28
重ね合わせの原理, 78
加速度
 重力—, 24
 瞬間の—, 20
 平均の—, 15
過渡現象, 135
カルノーサイクル, 62

干渉, 80
慣性の法則, 21
慣性モーメント, 41
気体レーザー, 106
強磁性体, 148
共振, 142
虚像, 92
屈折率, 79, 90
系統誤差, 2
向心力, 29
剛体, 41
固体レーザー, 106
コヒーレンス長, 105
コンデンサー, 119, 136, 156
基底状態, 170
光子, 167
光電効果, 167
光電子, 167
コンプトン散乱, 168

さ行

サイクロトロン周波数, 162
作用反作用の法則, 21
磁化, 147
磁気モーメント, 147
磁気量子数, 185
次元, 7, 13
次元解析, 8
仕事, 48
仕事率, 133
磁束, 152
磁束密度, 148
実効値, 138
実像, 93
質点, 39

質量, 17
時定数, 135
磁場, 146
重心, 38
自由電子, 111, 123
周波数, 138
ジュール熱, 132
主量子数, 184
シュレーディンガー方程式, 174, 178
常磁性体, 148
状態方程式, 56
磁力線, 147
振動数, 138
スカラー, 8
スカラー積, 10, 48
スピン量子数, 186
スペクトル, 98, 166, 169
正規分布, 2
正弦波, 74
静電誘導, 111
絶対誤差, 1
絶対温度, 55
全反射, 91
相対速度, 15
速度, 14
疎密波, 74, 82
ソレノイド, 151

た行

起電力, 127
単位, 5, 6
単振動, 29
弾性衝突, 36
力, 16
　　—のモーメント, 37, 40

## さくいん

　　　向心力, 161
　　　摩擦力, 53
　　　力積, 57
　　　ローレンツ—, 155, 161
抵抗率, 126
定常波, 86
電圧, 117
電位, 116
電荷, 109
電気抵抗, 125
電気容量, 119
電気力線, 114, 115
電磁石, 152
電磁波, 89, 158
電磁誘導, 153
電束密度, 156
電場, 113, 117
電流, 123, 124
電力, 133
等加速度運動, 16
統計誤差, 2
透磁率, 146
等速直線運動, 13
導体, 123
等電位面, 118
ドップラー効果, 87
ド・ブロイ波, 172

## な行

内積, 10
内部抵抗, 127, 128
熱量計, 68

## は行

ハイパスフィルター, 140
はく検電器, 110

波束, 175
波動関数, 174, 181
はねかえり係数, 36
ばね定数, 31
速さ
　　　音の—, 82
　　　気体分子の—, 57
　　　瞬間の—, 13, 18
　　　波の—, 76
　　　光の—, 89
　　　微分表示, 19
　　　平均の—, 13
反磁性体, 148
反転分布, 104
半導体, 107, 123, 126
半導体レーザー, 107
光ファイバー, 91
比熱, 60
比熱比, 61
標準偏差, 2, 176
　　　標本—, 3
　　　平均値の—, 3
フーリエスペクトル, 85
不確定性原理, 175
物理量, 6
平均値, 3, 176
ベクトル, 8
ベクトル積, 10, 37
変位電流, 156
偏光, 97
ホイートストンブリッジ, 130
ホイヘンスの原理, 78
方位量子数, 184
法則

アンペールの—, 149, 151, 156, 157
運動の—, 21
運動量保存の—, 36, 40
オームの—, 125, 128, 129
慣性の—, 21
キルヒホッフの—, 130
クーロンの—, 112
作用反作用の—, 21
磁気のクーロンの—, 145
磁場のガウスの—, 149
シャルルの—, 55
ジュールの—, 132
エネルギー等分配の—, 58
熱力学の第一—, 59
熱力学の第二—, 64
反射の—, 78
万有引力の—, 23
ビオサバールの—, 150
ファラデーの電磁誘導の—, 153, 157
フックの—, 49
ボイル・シャルルの—, 55
ボイルの—, 54
力学的エネルギー保存の—, 52
レンツの—, 153
ポインピング, 104

## ま行
マクスウェルの方程式, 158
摩擦係数, 53

## や行
ヤングの実験, 95
有効数字, 4
誘電体, 121
誘電率, 112, 120
誘導電流, 153

## ら行
力積, 34
理想気体, 56
量子条件, 171
励起状態, 170
レンズ, 92
ローレンツ力, 155

## 著者紹介

**大林　康二**（おおばやし　こうじ）
1970年　東京大学理学系大学院博士課程修了
現　在　北里大学一般教育部教授・理学博士

**天野　卓治**（あまの　たくじ）
1970年　東京理科大学理学部物理学科卒業
現　在　北里大学一般教育部講師

**廣岡　秀明**（ひろおか　ひであき）
1995年　東京都立大学大学院理学研究科博士課程修了
現　在　北里大学一般教育部講師・博士（理学）

**崔　東学**（さい　とうがく）
2001年　東京都立大学大学院理学研究科博士課程修了
現　在　北里大学一般教育部非常勤講師・博士（理学）

---

薬学系のための基礎物理学

2004年3月15日　初版第1刷発行
2007年2月10日　初版第10刷発行

検印廃止
NDC 420
ISBN4-320-03427-9

著　者　大林康二・天野卓治　©2004
　　　　廣岡秀明・崔　東学

発行所　共立出版株式会社／南條光章
　　　　東京都文京区小日向4丁目6番19号
　　　　電話　東京(03)3947-2511番（代表）
　　　　郵便番号　112-8700
　　　　振替口座　00110-2-57035番
　　　　URL　http://www.kyoritsu-pub.co.jp/

印　刷　加藤文明社
製　本　関山製本

NSPA　社団法人
　　　自然科学書協会
　　　会員

Printed in Japan

---

**JCLS** <㈳日本著作出版権管理システム委託出版物>
本書の無断複写は著作権法上での例外を除き禁じられています．複写される場合は，そのつど事前に㈳日本著作出版権管理システム（電話03-3817-5670, FAX 03-3815-8199）の許諾を得てください．

## 実力養成の決定版………学力向上への近道！

# 詳解演習シリーズ

**詳解 線形代数演習**
鈴木七緒・安岡善則他編 ……………… 定価2520円

**詳解 微積分演習 I**
福田安蔵・安岡善則他編 ……………… 定価2205円

**詳解 微積分演習 II**
鈴木七緒・黒崎千代子他編 …………… 定価1995円

**詳解 微分方程式演習**
福田安蔵・安岡善則他編 ……………… 定価2520円

**詳解 物理学演習 上**
後藤憲一・山本邦夫他編 ……………… 定価2520円

**詳解 物理学演習 下**
後藤憲一・西山敏之他編 ……………… 定価2415円

**詳解 物理/応用数学演習**
後藤憲一・山本邦夫他編 ……………… 定価3360円

**詳解 力学演習**
後藤憲一・神吉 健他編 ……………… 定価2520円

**詳解 電磁気学演習**
後藤憲一・山崎修一郎編 ……………… 定価2730円

**詳解 理論/応用量子力学演習**
後藤憲一・西山敏之他編 ……………… 定価4200円

**詳解 物理化学演習**
小野宗三郎・長谷川繁夫他編 ………… 定価2993円

**詳解 構造力学演習**
彦坂 煕・崎山 毅他著 ……………… 定価3675円

**詳解 測量演習**
佐藤俊朗著 …………………………… 定価2625円

**詳解 建築構造力学演習**
蜂巣 進・林 貞夫著 ………………… 定価3570円

**詳解 機械工学演習**
酒井俊道編 …………………………… 定価3045円

**詳解 材料力学演習 上**
斉藤 渥・平井憲雄著 ………………… 定価3570円

**詳解 材料力学演習 下**
斉藤 渥・平井憲雄著 ………………… 定価3360円

**詳解 制御工学演習**
明石 一・今井弘之著 ………………… 定価3990円

**詳解 流体工学演習**
吉野章男・菊山功嗣他著 ……………… 定価2940円

**詳解 電気回路演習 上**
大下眞二郎著 ………………………… 定価3570円

**詳解 電気回路演習 下**
大下眞二郎著 ………………………… 定価3570円

■各冊：A5判・176〜454頁（価格は税込）

# 明解演習シリーズ

小寺平治著

**＜本シリーズの特色＞**

★**豊富な数値的問題** 抽象的な理論が数値的実例によって具体的に理解できる。解答は数値の特殊性・偶然性にたよらない一般化の可能な解法。

★**典型的な基本問題** 内容的にも，技法的にも，多くの問題の「お手本になるような問題」を精選・新作。

★**読みやすく・親しみやすい** 頁単位にまとめ，随所に基本事項や解法の定石・指針を掲げた。2色刷。

**明解演習 線形代数**
A5判・264頁・定価2100円（税込）
【主要目次】数ベクトル／行列とその計算／行列の基本変形／ベクトル空間／線形写像／計量ベクトル空間／行列式／固有値問題／ジョルダン標準形とその応用／2次形式とエルミート形式／他

**明解演習 微分積分**
A5判・264頁・定価2100円（税込）
【主要目次】$R$上の微分法／$R$上の積分法／数列と級数／$R^n$上の微分法／$R^n \to R$の積分法／微分方程式／ゼミナールの解答／付録（記号一覧表・便利な基礎公式と数値）／他

**明解演習 数理統計**
A5判・224頁・定価2415円（税込）
【主要目次】確率／確率変数／基本確率分布／記述統計と標本分布／適合度・独立性の検定／点推定／母数の検定と区間推定／ゼミナールの解答／付録（記号一覧表・便利な公式と数値）／他

〒112-8700 東京都文京区小日向4-6-19
http://www.kyoritsu-pub.co.jp/
共立出版
TEL 03-3947-9960／FAX 03-3947-2539
郵便振替口座 00110-2-57035

## 物理定数

| 名称 | 数値 |
|---|---|
| 重力加速度 | 9.8 m/s$^2$ |
| 万有引力定数 | 6.67×10$^{-11}$ N·m$^2$/kg$^2$ |
| 熱の仕事当量 | 4.19 J/cal |
| アボガドロ定数 | 6.02×10$^{23}$ mol$^{-1}$ |
| ボルツマン定数 | 1.38×10$^{-23}$ J/K |
| 理想気体の体積 (0 ℃, 1 atm) | 2.24×10$^{-2}$ m$^3$/mol |
| 気体定数 | 8.31 J/mol·K |
| 乾燥空気中の音速 (0 ℃) | 331.5 m/s |
| 真空中の光の速さ | 3.00×10$^8$ m/s |
| 真空の誘電率 | 8.85×10$^{-12}$ F/m |
| 真空の透磁率 | 1.26×10$^{-6}$ N/A$^2$ |
| 電気素量 | 1.60×10$^{-19}$ C |
| 電子の質量 | 9.11×10$^{-31}$ kg |
| プランク定数 | 6.63×10$^{-34}$ J·s |
| ボーア半径 | 5.29×10$^{-11}$ m |
| リュードベリ定数 | 1.10×10$^7$ m$^{-1}$ |
| 原子質量単位 | 1.66×10$^{-27}$ kg |

## 単位の倍数

| 名称 | | 記号 | 大きさ |
|---|---|---|---|
| ヨタ | (yotta) | Y | $10^{24}$ |
| ゼタ | (zetta) | Z | $10^{21}$ |
| エクサ | (exa) | E | $10^{18}$ |
| ペタ | (peta) | P | $10^{15}$ |
| テラ | (tera) | T | $10^{12}$ |
| ギガ | (giga) | G | $10^9$ |
| メガ | (mega) | M | $10^6$ |
| キロ | (kilo) | k | $10^3$ |
| ヘクト | (hecto) | h | $10^2$ |
| デカ | (deca) | da | 10 |
| デシ | (deci) | d | $10^{-1}$ |
| センチ | (centi) | c | $10^{-2}$ |
| ミリ | (milli) | m | $10^{-3}$ |
| マイクロ | (micro) | $\mu$ | $10^{-6}$ |
| ナノ | (nano) | n | $10^{-9}$ |
| ピコ | (pico) | p | $10^{-12}$ |
| フェムト | (femto) | f | $10^{-15}$ |
| アト | (atto) | a | $10^{-18}$ |
| ゼプト | (zepto) | z | $10^{-21}$ |
| ヨクト | (yocto) | y | $10^{-24}$ |

## ギリシア文字

| 大文字 | 小文字 | 発音 | 大文字 | 小文字 | 発音 | 大文字 | 小文字 | 発音 |
|---|---|---|---|---|---|---|---|---|
| $A$ | $\alpha$ | アルファ | $I$ | $\iota$ | イオタ | $P$ | $\rho$ | ロー |
| $B$ | $\beta$ | ベータ | $K$ | $\kappa$ | カッパ | $\Sigma$ | $\sigma$ | シグマ |
| $\Gamma$ | $\gamma$ | ガンマ | $\Lambda$ | $\lambda$ | ラムダ | $T$ | $\tau$ | タウ |
| $\Delta$ | $\delta$ | デルタ | $M$ | $\mu$ | ミュー | $\Upsilon$ | $\upsilon$ | ウプシロン |
| $E$ | $\varepsilon$ | イプシロン | $N$ | $\nu$ | ニュー | $\Phi$ | $\phi, \varphi$ | ファイ |
| $Z$ | $\zeta$ | ゼータ | $\Xi$ | $\xi$ | クサイ | $X$ | $\chi$ | カイ |
| $H$ | $\eta$ | エータ | $O$ | $o$ | オミクロン | $\Psi$ | $\psi$ | プサイ |
| $\Theta$ | $\theta$ | シータ | $\Pi$ | $\pi$ | パイ | $\Omega$ | $\omega$ | オメガ |